◎ 国家社会科学基金一般项目(11BJY066)
◎ 江苏省社会科学基金重大项目(14ZD011)
◎ 江苏省社会科学基金重点项目(14EYA003)
◎ 江苏省高校"青蓝工程"项目

开放经济条件下
中国碳减排责任动态研究

A Dynamic Study of China's Responsibilities
for Carbon Dioxide Emission in an Open Economy

徐盈之　著

U0199004

东南大学出版社
SOUTHEAST UNIVERSITY PRESS
·南京·

图书在版编目(CIP)数据

开放经济条件下中国碳减排责任动态研究/徐盈之
著. —南京:东南大学出版社,2015.12
ISBN 978-7-5641-6317-4

Ⅰ. ①开… Ⅱ. ①徐… Ⅲ. ①二氧化碳-减量化-排
放-研究-中国 Ⅳ. ①X511

中国版本图书馆 CIP 数据核字(2015)第 314212 号

开放经济条件下中国碳减排责任动态研究

出版发行	东南大学出版社	
社　　址	南京市四牌楼 2 号　　邮编　210096	
出 版 人	江建中	
网　　址	http://www.seupress.com	
电子邮箱	press@seupress.com	
经　　销	全国各地新华书店	
印　　刷	南京玉河印刷厂	
开　　本	700mm×1000mm　1/16	
印　　张	10	
字　　数	205 千	
版　　次	2015 年 12 月第 1 版	
印　　次	2015 年 12 月第 1 次印刷	
书　　号	ISBN 978-7-5641-6317-4	
定　　价	28.00 元	

本社图书若有印装质量问题,请直接与营销部联系。电话(传真):025-83791830

摘要

气候变化以及环境危机已成为世界各国面临的共同挑战,大幅度减少当前和未来的温室气体排放已成为全球低碳经济发展的根本途径。随着"低碳经济"概念的提出,如何有效实现碳减排已成为当前乃至今后相当长时期内全球可持续发展的核心任务,减少二氧化碳排放已逐渐成为各个国家和地区的首选措施。因此,科学界定世界各国、各区域之间以及各产业部门之间的碳排放责任,明确各主体减少碳排放的目标,就成为经济社会低碳化发展的重要研究内容。低碳经济旨在建立一种碳排放量最低限度的社会经济发展方式与消费模式,发展低碳经济已经成为世界各国的共识,也是中国经济可持续发展的必然选择。作为碳消费大国和对环境保护负责任的大国,中国积极参与并推动应对全球气候变化、环境保护和低碳经济发展。碳减排责任与碳排放量有着密切的联系,碳排放量大的国家、地区或产业部门必然需要承担更多的减排责任。本书主要从国家、区域和产业层面系统分析了国际间以及中国地区和产业部门的碳减排责任的动态变化,提出了优化中国能源消费结构、确定国际碳排放责任的测算方法和分配原则、实现中国碳减排目标的区域分解、优化中国产业部门碳减排政策、实施中国发展低碳经济的碳税政策等政策建议,对防止污染转移,明确碳减排责任机制,制定合理的减排措施,进而促进中国低碳经济的发展具有较强的理论价值和现实指导意义,也为中国明确碳排放的责任以及制定碳减排相关政策措施提供了理论支持和经验证据。

前言

　　随着低碳经济概念的提出,有效实现碳减排逐渐成为各个国家、地区和产业部门的主要任务之一,如何界定和动态分析碳减排责任已成为社会各界关注的热点话题。作为经济高速增长的发展中大国和第一大温室气体排放国,中国在温室气体减排问题上面临着国际社会施加的巨大压力。因此,减少二氧化碳排放量、大力发展低碳经济已经成为中国应对国际舆论压力和保持经济持续发展的根本路径。在开放经济条件下全面系统地分析国际间以及中国地区和产业部门的碳减排责任的动态变化,科学界定世界各国之间、各区域之间以及各产业部门之间的碳排放责任,明确各主体减少碳排放的目标,为科学制定减排规划,实现低碳经济发展和应对气候变化的双赢提供支撑,对防止污染转移,明确碳减排责任机制,进而促进中国低碳经济的发展具有较强的理论价值和现实指导意义。本书正是基于上述背景,对开放经济条件下中国碳排放责任展开系统全面的研究,为中国发展低碳经济提供理论支持和决策参考。

　　低碳经济是一场深刻的能源经济、技术及消费行为的低碳革命,旨在建立一种碳排放量最低限度的社会经济发展方式与消费模式。发展低碳经济已经成为世界各国的共识,也是中国经济可持续发展的必然选择。碳减排责任与碳排放量有着密切的联系,碳排放量大的国家、地区或产业部门必然需要承担更多的减排责任。作为碳消费大国和对环境保护负责任的大国,中国积极参与并推动应对全球气候变化、环境保护和低碳经济发展。

　　本书主要从国家、区域和产业三个层面系统分析了国际间以及中国地区和产业部门的碳减排责任的动态变化。全书共分为七章:第一章为绪论,主要从研究背景、研究意义以及可能的创新之处等方面进行阐述,也是对全书内容的一个宏观性鸟瞰。第二章为理论基础部分,主要包括相关概念和理论的介绍、相关文献综述与评价等内容。第三章对中国低碳经济的发展现状进行了阐述,主要包括中国能源消费现状分析、主要污染物排放现状分析、碳排放的驱动因素及脱钩效应分析等研究内容。第四章主要对包含中国在内的二十五个世贸组织成员国的碳排放责任进行比较分析。第五章为中国各地区碳排放责任内容,主要包括中国各区域的碳减排责任、绩效、潜力和碳减排目标分解等内容。第六章为中国各产业部门的碳减排责任研究,主要对中国各产业部门碳减排目标分配和国际贸易背景下各产业部门贸易隐含碳排放核算进行研究。第七章为实现中国高效碳减排的政策及措施研究,主要包括多目标的最优碳税模拟研究、国内外发展低碳经济的经验分析和总结、实现中国高效碳减排的政策建议等研究内容。研究内容之间互相关联、互为支撑,形成一个完整的研究体系。

本书突破以往研究中研究层面和范围过于狭窄、研究视角过于单一、研究方法不成系统等重点问题,针对目前该领域的焦点问题和模糊问题进行深入研究。首先,从能源消耗、污染物排放、国家低碳经济发展现状、区域低碳经济发展现状以及产业低碳经济发展现状等多个角度对中国低碳经济的现状进行全面的分析,为开放经济下中国碳排放责任的动态研究奠定坚实的研究基础;其次,不仅对包含中国在内的二十五个世界贸易组织成员国的碳排放问题进行比较分析,更是创新性地从区域和产业层面对中国碳减排责任进行深入探讨,提出公平合理的碳减排责任分担原则,界定各国和各地区碳减排责任,提出针对性的节能减排区域政策和产业政策,对中国在贸易结构和产业结构调整以及经济增长方式转变中的政策导向具有较强的指引作用;再次,分别从"生产者承担"原则、"消费者承担"原则以及"生产者消费者共担"原则三个角度对碳排放责任问题进行深入分析,充分考虑隐含碳排放的间接效应及其部分转移机制,基于多区域投入产出分析方法对隐含碳排放进行准确测度,从而提出公平合理的碳减排责任界定方法;最后,综合运用文献阅读法、理论推演法、模型优化法、计量经济分析法、经验借鉴等多种研究方法,融合经济学、环境学、生态学、地理学等多个学科的知识,建立基于国家、地区和产业的投入产出分析模型,借助 SPSS 统计分析软件、Eviews 计量软件、Matlab 仿真软件等多种技术工具,构筑了本书特有的研究方法体系。

当前,中国经济正处于转型发展的关键时期,面对资源、能源短缺以及环境约束趋紧的基本现实,减少二氧化碳排放量,大力发展低碳经济已经成为中国经济可持续发展的根本路径。本书通过对开放经济条件下碳排放责任的动态研究,提出了优化中国能源消费结构、确定国际碳排放责任的测算方法和分配原则、实现中国碳减排目标的区域分解、优化中国产业部门碳减排政策、实施中国发展低碳经济的碳税政策等的政策建议。

目录 MULU

第一章

绪　　论

1.1　研　究　背　景

世界各国广泛地认为人类目前的生产活动是不可持续的。这种不可持续生产活动的外部效应对生态环境造成了巨大的压力，导致了全球气候变暖、饮用水资源缺乏、耕地面积退化等一系列环境问题。这些环境问题给人类的正常生活和自然界的生态平衡造成了严重的威胁。各国学者普遍认为人类活动排放的大量二氧化碳是造成这些环境问题的根本原因。

英国 2003 年 3 月发布《我们能源的未来——创建低碳经济》(*Our Energy Future—Creating a Low Carbon Economy*)，首次提出的"低碳经济"正成为了国际经济发展的新趋势。日本也遵照《联合国气候变化框架公约的京都议定书》(简称《京都议定书》)，提出并制定了打造低碳社会的行动计划。在顺应低碳经济发展的趋势下，德国积极研发新能源技术，依靠高新科技促进节能减排。美国的奥巴马政府非常重视新能源的发展，将"能源政策"作为其促进经济发展、实现经济复苏的政策核心。哥本哈根分两个阶段实施低碳城市战略，西班牙巴塞罗那则推出"能源改进计划 2002—2012"等。中国作为碳消费大国和对环境保护负责任的大国，也积极参与并推动应对全球气候变化、环境保护和低碳经济发展。因此，减少二氧化碳的排放已经逐渐成为各个国家和地区的首要任务之一。在这项任务中，碳排放责任的公平界定是各国和地区制定碳排放政策的基础和依据，也是保证碳排放政策高效运行的重要前提。

从国际层面上看，开放经济条件下商品的进出口贸易使得各国的碳排放在不同程度上受到来自其他国家隐含碳排放的影响，因此如何科学地界定隐含碳排放责任的归属以及各国的碳排放责任的范围成为各国普遍关注的核心和焦点。"污染者付费"原则(polluter-pays principle)于 1974 年提出。按照该原则，一个区域应当承担"其地域界限之内所排放的二氧化碳"造成的污染责任。在开放经济条件下,这种基于生产过程的碳排放责任界定原则掩盖了隐含碳排放的"责任转移问题"(burden shifting),忽略了国际贸易中的"碳泄漏"(carbon leakage)现象,存在巨大的缺陷。同时,由于世界各国在经济发展阶段、资源禀赋现状以及科学技术水平等方面的差异,各国的经济结构和工业生产方式存在着很大的不同,特别是 21 世纪以来已经完成工业化进程的西方发达国家大规模地将工业化生产活动逐渐转移到发展中国家,导致了近年发展中国家温室气体排放量的快速增加。依据 1997 年通过的《京都议定书》的有关规定,全球主要工业化国家承诺在 2008—2012 年期间实现工业二氧化碳排放量相比 1990 年排放量平均削减 5.2%,但美国作为主要的签约方却以"发展中国家也应该承担减少温室气体排放义务"为借口于 2001 年宣布拒绝执行《京都议定书》的有关规定,再次阻碍了全球碳减排的进程。

从区域层面上看,中国是世界上最大的发展中国家,同时也是世界上最大的碳排放国家之一。改革开放以来,中国扮演着"世界工厂"的角色,依靠粗放式的经济发展方式,为全球尤其是发达国家生产了大量工业化产品,也承担了巨大的环境污染代价。《中国应对气候变化国家方案》显示,1993—2004 年中国温室气体排放总量年均增长 4%,2004 年中国二氧化碳排放量约为 50.7 亿吨,占中国温室气体①排放总量的比重也由 76%上升到 83.11%。根据国际能源机构(IEA)2009 年的统计显示,2007 年中国因化石燃料燃烧排放的二氧化碳总量仅次于美国,且 2007 的二氧化碳排放总量在 2000 年的基础上又翻了一番,达到 60 亿吨,约占全球碳排放总量的 16%。由此看来,中国面临的碳排放形势也十分严峻。在当今的国际背景和发展环境下,中国选择低碳经济发展道路,不仅是面对气候问题一个大国负责任的表现,更是探索中国可持续发展的内在需求。另外值得特别注意的是,中国东中西部之间以及各省市之间的碳排放规模、来源以及特点各不相同,区域之间碳减排责任的确定原则尚不明确。若简单地以区域间的经济总量和人口为依据确定区域碳减排责任,则 GDP 产值较高的京津沪地区和人口密集的中部地区应成为碳减排责任的主要承担者,欠缺合理性,难以建立科学合理的区域碳减排协调机制。

从产业层面上看,中国各产业部门的二氧化碳排放呈现出三个主要的特征:第一,中国各产业部门的碳排放总量和碳排放系数存在显著的差异,电力、热力的生产和供应业,石油加工、炼焦和核燃料加工业的直接碳排放系数分别达到了 2.300 9 吨/万元和 1.891 6 吨/万元,而通信设备、计算机及其他电子设备和纺织服装鞋帽皮革羽绒及其制品业的直接碳排放系数仅为 0.006 4 吨/万元和 0.012 9 吨/万

---

① 温室气体还包括水汽(H_2O)、氧化亚氮(N_2O)、甲烷(CH_4)等,二氧化碳(CO_2)只是其中的最主要成分之一。

元;其次,随着中国生产技术的不断提升和产出总量的不断扩大,中国各产业部门碳排放系数呈逐渐下降趋势,而碳排放总量却呈现不断上升趋势;最后,在开放经济条件下,受到进出口贸易的影响,中国各产业部门的碳排放或多或少地受到其他国家的影响。以纺织服装鞋帽皮革羽绒及其制品业为代表,2007 年中国国内最终消费造成的碳排放量为 130.38 万吨,出口国外造成的碳排放量为 65.40 万吨,是中国国内最终消费碳排放量的二分之一。这部分碳排放责任如何界定、由谁承担构成了开放经济条件下中国产业部门碳减排责任研究的重要内容。

1.2 研 究 意 义

　　低碳经济是一场深刻的能源经济、技术及消费行为的低碳革命,旨在建立一种碳排放量最低限度的社会经济发展方式与消费模式。发展低碳经济已经成为世界各国的共识,也是中国特色社会主义经济建设的必然选择。随着低碳经济概念的提出,有效实现碳减排逐渐成为各个国家、地区和产业部门的主要任务之一,如何界定和动态分析碳减排责任已成为各方关注的热点话题。本书在开放经济条件下全面系统地分析国际间以及中国地区和产业部门的碳减排责任的动态变化,对防止污染转移,明确碳减排责任机制,制定合理的减排措施,进而促进中国低碳经济发展具有较强的理论和现实指导意义。

　　国际层面碳排放责任的公平界定是各国科学合理分配碳减排义务的基础和依据,也是动员所有国家一起行动起来共同治理气候变暖问题的基本条件。本书通过构建多区域投入产出模型对包括中国在内的二十五个世界贸易组织成员国(包括 7 个发展中国家,18 个发达国家)2009 年的隐含碳排放进行核算,据此分析在开放经济条件下隐含碳排放责任的转移问题。在此基础上,本书基于"生产者消费者共担"原则对各国的碳排放责任从生产者和消费者两个角度进行分解,并将其与"生产者负担"原则下各国的碳排放责任进行比较,据此分析各国碳排放的特征以及呈现出这些特征的原因,并就开放经济条件如何公平合理地界定各国的碳减排义务提出相应的对策建议,具有重要的理论价值和指导意义。

　　在中国区域间贸易的框架下提出各区域碳减排责任的测算依据,并将其运用到节能减排的实际工作中,是科学界定中国各区域碳减排责任的重要内容,也是促使中国碳排放总量减少的重要途径。本书针对国内区域间贸易产生的"碳泄漏"问题,在区域间贸易的框架下采用多区域投入产出模型,依据"生产者消费者共担"原则对中国各区域的碳减排责任和分行业的区域碳减排责任的差异进行深入分析,并结合碳减排责任和碳减排效率来研究区域的碳减排潜力,从而为科学界定区域间的碳减排责任提供重要依据和研究方法。

作为中国国民经济的重要组成部分,各产业部门碳减排任务的高效完成是中国整体碳减排目标得以顺利实现的有力保障。本书通过引入单区域投入产出模型,着重从产业层次对中国的碳减排责任及减排对策进行深入研究,对各部门在完成减排承诺时的可支配排放量及如何实现碳减排义务的完成提供指导,为基于产业部门的低碳经济规划提供重要的理论参考,同时也为制定基于产业部门的减排方案和合理的产业政策提供重要的依据。另外,本书基于开放经济背景,从国际贸易视角理清中国各产业部门对外贸易中所隐含的碳排放量,分析中国各产业部门进出口贸易产品背后所附带的产业链条,不仅对防止污染转移、为中国在全球气候谈判博弈中争取更大空间提供理论依据,而且对引导中国对外贸易向着高附加值、低碳排放的方向过渡具有重要的理论价值和现实意义。

1.3 创 新 之 处

本书全面梳理国内外相关研究文献和重要会议的会议报告,在已有的研究框架下针对目前该领域的焦点问题和模糊问题进行深入彻底的研究,突破以往研究中研究层面和范围过于狭窄、研究视角过于单一、研究方法不成系统等重点问题,具有较大的创新性。概括本书的创新之处主要体现在以下四个方面:

(1) 低碳经济是中国可持续发展的必然选择,然而以往的研究很少有对中国低碳经济发展现状进行全面的分析和把握。本书从能源消耗、污染物排放、国家低碳经济发展现状、区域低碳经济发展现状以及产业低碳经济发展现状等多个角度对中国低碳经济的现状进行全面分析,为开放经济下中国碳排放责任的动态研究奠定坚实的研究基础。

(2) 本书不仅对包含中国在内的二十五个世界贸易组织成员国的碳排放问题进行比较分析,更是创新性地从区域和产业层面对中国碳减排责任进行深入探讨,提出公平合理的碳减排责任分担原则,界定各国和各地区碳减排责任,提出针对性的节能减排区域政策和产业政策,对中国在贸易结构和产业结构调整以及经济增长方式转变中的政策导向具有较强的指引作用。

(3) 由于国际贸易和区域间贸易会导致碳减排义务的转移,对碳排放责任的测算不应该只局限于地域界限之内,而应该综合考虑隐含碳排放问题。本研究分别从"生产者承担"原则、"消费者承担"原则以及"生产者消费者共担"原则三个角度对碳排放责任问题进行深入透析,充分考虑隐含碳排放的间接效应及其部分转移机制,基于多区域投入产出分析方法对隐含碳排放进行准确的测度,从而提出公平合理的碳减排责任界定方法。

(4) 以往对碳减排责任的研究方法单一且不成系统,本研究综合运用文献阅读法、理论推演法、模型优化法、计量分析法、经验借鉴等多种研究方法,融合经济学、环境学、生态学、地理学等多个学科的知识,建立基于国家、地区、产业的投入产出分析模型,借助 SPSS 社会分析软件、Eviews 计量统计软件、Matlab 仿真分析软件等多种分析工具,拓宽了以往研究中的单一方法,构成了本书特有的研究方法体系。

1.4 结 构 安 排

本书的研究思路为"提出问题—分析问题—解决问题",首先对碳排放问题的相关文献进行梳理和评价,其次对中国低碳经济的发展现状进行分析,紧接着从国家层面、区域层面以及产业层面对开放经济条件下中国碳减排责任进行研究,最后提出实现中国高效碳减排的政策建议。本书的技术路线图如图 1-1 所示。

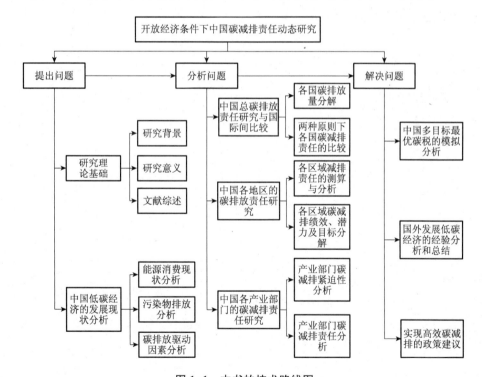

图 1-1 本书的技术路线图

基于以上的研究思路和技术路线,本书共分七章对开放经济条件下中国碳减排责任进行研究:

第一章绪论,主要包括研究的背景、意义以及创新之处等内容。

第二章碳减排研究的理论基础,主要包括相关概念和理论的介绍、相关文献综述与评价等研究内容。

第三章中国低碳经济的发展现状,主要包括中国能源消费现状分析、主要污染物排放现状分析、碳排放的驱动因素及脱钩效应分析等研究内容。

第四章中国总碳排放责任研究与国际间比较,主要是对包含中国在内的二十五个世贸组织成员国的碳排放责任进行比较分析。

第五章中国各地区的碳排放责任研究,主要包括中国各区域的碳减排责任和各区域碳减排绩效、潜力和碳减排目标分解等内容。

第六章中国各产业部门的碳减排责任研究,主要内容包括中国产业部门碳减排的紧迫性分析、各产业部门碳减排目标分配和国际贸易背景下各产业部门贸易隐含碳排放核算等内容。

第七章实现中国高效碳减排的政策建议研究,主要包括多目标的最优碳税模拟研究、国内外发展低碳经济的经验分析和总结、实现中国高效碳减排的政策建议等研究内容。本书的研究内容互相关联、互为支撑,是一个完整的研究体系。

第二章

碳减排研究的理论基础

2.1 相关概念和理论介绍

2.1.1 隐含碳排放与碳排放转移理论

近几年,碳减排责任(Carbon Reduction Responsibility)作为新的环境指标——"环境责任"(Environmental Responsibility)被赋予新的定义,除了包含直接环境责任外,还需要考虑到供应链中生产者和消费者行为带来的间接环境效应,即隐含责任(Embodied Responsibility)。

"Embodied"是指衡量某种产品或服务生产过程中直接和间接消耗的某种资源的总量,可以与水、能源、CO_2、污染物等多种资源进行复合,构成虚拟水、隐含能、隐含碳、隐含污染等概念。20世纪90年代化石燃料燃烧导致的温室效应促进了全球对隐含能源、隐含碳排放、隐含污染等的关注,促使国内外一大批专家学者致力于这方面的研究。

隐含能源(Embodied Energy)是由商品生产过程本身及其所有上游环节在加工、制造、运输等全过程所消费的能源总量,每种能源均有较为固定的碳排放系数,据此可以测算出上述所有环节所排放的二氧化碳,即隐含碳排放。隐含碳排放(Embodied Carbon Emission)又被称作"内涵碳排放"、"虚拟碳排放"等,是指产品和服务生产过程中直接和间接排放的二氧化碳。隐含碳排放是指某种产品从原材料采集到组装成品并最终对外销售等整个供应链中消耗的能源所产生的碳排放量。在国际贸易视角下,隐含碳排放还包括全球供应链中的其他环节,如国际运输、加工制造等间接排放的二氧化碳(Peters & Hertwich,2008)。

在开放经济条件下,伴随着商品进出口贸易的发生,导致了隐含在进出口商品中的碳排放在国家或者区域之间的转移,这就是碳排放转移理论的主要内容,它主要由隐含碳出口和隐含碳进口两个相对应的概念组成。隐含碳出口是指一国为满足进口国的需求,把整个生产过程中的二氧化碳排放转移至生产国。隐含碳进口则是指一国从国外进口产品以满足国内消费需求,从而避免了这些进口品在国内生产过程中的碳排放。

2.1.2 碳泄漏的内涵界定

《联合国气候变化框架公约(UNFCCC(1997))》根据"共同但有区别的责任"原则,规定附件Ⅰ国率先承担具体减排任务,所有工业化国家承诺将温室气体排放量从1990年水平至少减少5%;非附件Ⅰ国家在第一阶段没有具体的减排责任。附件Ⅰ国家为了实现减排目标,将改变国内生产和消费模式,同时通过国际贸易和投资流动对其他经济体产生影响。具体来说,附件Ⅰ国家通过从没有排放限制的国家进口能源密集型商品来替代国内生产,或将污染排放强度高的产业及生产过程转移到发展中国家。由于国际能源密集型生产的再分配,二氧化碳在没有减排承诺的国家的排放量可能会上升,这种效应被称为"碳泄漏",图2-1通过国际贸易"碳泄漏"流程图形象地反映了碳泄漏的内涵。

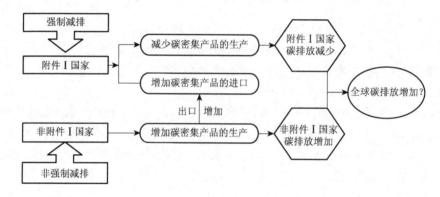

图2-1　国际贸易"碳泄漏"流程图

可见,碳泄漏指的是如果一个国家采取二氧化碳减排措施,该国国内一些产品生产(尤其是高耗能产品)可能转移到其他未采取二氧化碳减排措施的国家。因为二氧化碳对气候变化影响效果并不存在区域差异性,因此碳泄漏可能导致全球二氧化碳减排预期目标难以实现。碳泄漏可以被认为是跨国界的外部性问题,其成为发达国家要求对发展中国家征收碳关税以及其他边境调节措施的重要依据。

2.2　碳减排责任分担原则与方法

碳减排责任的界定原则有三种,即"生产者承担"原则、"消费者承担"原则和

"生产者消费者共担"原则。

"生产者承担"原则是最早提出的碳减排责任测算原则,即谁生产谁承担,通常以国土领域为界,使用直接环境指标作为衡量环境问题的标准,比如温室气体排放量(GHG)、人均单位 GDP 排放量等。"消费者承担"原则为谁消费谁承担,生命周期评估法(LCA)就是假设消费者承担所有责任的一种评估方法,它的分析角度是将消费者置于供应链的末端,把生产过程中发生的所有环境影响全部叠加给消费者。也有学者构造多区域投入产出模型进行"消费者承担"原则下一国最终消费中的隐含碳排放,这一原则主要应用于国际贸易中经济主体的碳减排责任的核算,多数研究表明发达国家是贸易中隐含碳排放的净进口国。

单方面的考量生产者责任或消费者责任都有失公允。联合国大会 44/228 号决议(1989)也指出,生产者和消费者都对碳排放负有责任。因而越来越多的学者认为碳减排责任还应当考虑通过供应链产生的间接效应,提出碳减排责任应当生产者和消费者共同承担为原则。

"生产者消费者共担"原则需要同时考虑生产者和消费者的环境影响,解决如何共同承担责任的三个问题:一是取决于部门是否在产品生命周期内去改善其产品的环境友好度,还是取决于消费者是否购买;二是部门应该仅对其产品使用的下游后果负责,还是也要对从上游供应者购买的投入品产生的环境影响负责;三是如果第二个问题是肯定的答案,那么部门所承担的责任应该覆盖多大的上下游领域。"生产者消费者共担"原则认为在产品完整的生命周期中,产业链上的每个参与者既是生产者又是消费者,他们既要承担生产者责任也要承担消费者责任。Rodrigues et al(2006)基于共同承担原则提出的"环境责任"反映了供应链中碳排放间接效应的完全转移,它表示为国内最终需求引致的上游隐含碳排放(定义为"消费者责任")和国内初始投入产生的下游内涵碳减排(定义为"生产者责任")之间的平均值。Lenzen et al(2007)则从上游的角度提出"环境责任"的不同定义,考虑了产品从供应链的上游延续至下游的过程中,上游隐含碳排放会部分保留在部门以内而不是完全转移出去,保留在部门内部的所有上游隐含碳排放称为"生产者责任",上游隐含碳排放最终到达最终消费的部分为"消费者责任",其中保留在部门内部的比例受到增加值的影响。

2.3　投入产出分析理论

对隐含碳排放的测度主要有两种方法:第一种是过程分析(Process Analysis),主要用生命周期评价来计算工业材料和建筑中的隐含能、隐含碳;第二种是投入产出分析(Input-Output Analysis, IOA),它是近些年被用来测算各个国家及对外贸易中的隐含能和隐含碳的一种常用方法。很多学者在计算一国的 CO_2 排放量时,直接使用各类商品的加总得出总碳排放量,但计算结果实际上只包含了直接排放的 CO_2,忽略了间接排放的 CO_2。而投入产出分析法恰恰能全面体现国民经济各部门之间的直接和间接联系,方便我们计算隐含碳的总排放量。

里昂惕夫建立的各种排放污染物与生产部门之间的对应投入产出关系,有效地从宏观尺度评价投入到商品中的资源或污染量。每个产业部门都扮演着产品生产和产品消耗的双重角色。某一产业的需求波动对国民经济整体具有双重影响:直接影响包括对该产业本身产出水平、能源消耗等的需求变化;此外,其对上游中间产品的需求变化也会影响到上游产业的产出及能源消耗量,从而使该产业产出地变动间接通过产业链波及到其他产业,进而影响到整个国民经济的产出水平、能源消耗量及温室气体排放量。由此可见,一个产业部门的碳排放量不仅包括本部门所产生的直接碳排放,还包括与之生产相关的其他部门商品生产所引发的间接碳排放。单纯地基于各产业部门碳排放量很容易确定碳减排责任,但会忽略各个产业部门的经济贡献,由此确定的减排责任不尽合理。而投入产出技术能够发现任何局部的最初变化对经济体系各个部分的影响,从而测度出一个经济体内由于最终需求的变化导致对能源、环境、碳排放等直接和间接影响。因此,本书采用投入产出法进行研究,构建充分考虑到各产业部门在生产与消费行为过程中产生隐含碳排放的间接效应及其部分转移机制的碳减排责任界定方案,并利用投入产出模型来核算中国对外贸易中的隐含碳排放,揭示产品贸易背后完全的隐含流,以重新审视对外贸易中隐含碳进出口的损益问题。

2.4 相关文献综述与评价

2.4.1 有关发展低碳经济的研究

学者对低碳经济发展的研究多数集中在低碳经济概念的界定、发展低碳经济的潜力和途径、低碳经济发展与经济增长的关系及碳排放权交易等问题上。关于低碳经济概念。付允(2008)认为,低碳经济是以节能减排作为发展方式,以碳中和技术为发展方法的一种绿色经济发展模式。鲍健强等(2008)认为,低碳经济是现代工业文明向生态经济和生态文明的转变。牛文元(2009)认为,低碳经济是低碳产业、低碳技术、低碳生活和低碳发展等经济形态的总称;关于发展低碳经济的潜力和途径方面,林伯强(2006)指出以目前能源和环境情况看,中国需要寻找适合国情的能源消耗方式和生活方式。姬振海(2008)通过定量分析介绍了发展低碳经济与清洁发展机制;关于低碳经济发展与经济增长的关系方面,Salvador Enrique Puliafito et al(2000)采用 Lotlm-Volterra 模型深入分析人口、GDP、能源消耗与碳排放量的相互关系,认为人口越多,碳排放量就越多。Ugur Soytas et al(2000)通过VAR 模型研究发现碳排放主要是能源消耗所致,并非 GDP 增长所致;对于发展低碳经济的社会经济与技术分析,张雷(2003)的研究结果表明能源消费结构和经济结构多元化会引导国家从高碳转向低碳。赵云君(2004)基于国际层面的数据,研究发现有些指标做出的实证结果与现实是相互矛盾的,据此认为"环境库兹涅茨曲线应该只是一个客观现象,而不能是一种客观规律"。赵一平(2006)提出了中国经济发展与能源消费的"脱钩"与"复钩"概念模型,对中国两者之间关系进行实证研究,并分析了中国能源弱"脱钩"的深层次问题;也有很多学者对低碳经济政策做了研究,陈文颖(1998)对全球的碳权交易情况进行了模拟分析,发现碳权分配机制的不同还将会影响全球的碳权交易收益。Gibbs(2006)、Liverman and Vilas(2006)和 McCarthy and Prudham(2004)对国际碳交易引起科技、国际政治、企业文化、媒体焦点、消费指数等各方面的改变进行了研究。Toshihiko and Alan(2001)、Silvia(2005)以及 Giblin and McNabola(2009)重点研究了不同国家的碳税体系特点以及实际的碳减排效果。除此之外,学者 Tetsuo and Sawa(2002)、Barde(1997)以及 Schneider and Goulder(1997)研究了碳税对环境的影响。

2.4.2 有关碳减排责任的研究

从国内外研究现状来看,碳减排责任的界定角度主要分为三种:完全生产者责任、完全消费者责任以及生产者和消费者共同承担责任。从完全生产者责任角度的相关研究有 Oosterhaven et al(2002)使用各部门最终需求和总产出的份额作为权重来处理计算过程中的双重计数问题,通过消除中间交易的影响确定生产者碳减排责任。研究完全消费者责任的有 Gallego et al(2005)采用生命周期评估法计算"生态足迹"来评估完全的消费者责任。Peters(2008)通过引入国际贸易来衡量以国家为单位的碳减排责任问题,将国内实际排放量减去净出口碳排放定义为"消费排放"。近年来,基于生产者和消费者共同承担责任原则来分配碳减排责任被越来越多的学者认为是最优分配方案。国际上研究共同责任的分配方案的文献有Rodrigues et al(2006)基于信息对称的假设从上游(后向)和下游(前向)两个角度分析隐含碳排放,提出环境责任的概念,反映了生产与消费行为中间接效应的全部转移。Lenzen et al(2007)则基于信息不对称的假设仅从上游(后向)的角度来分析消费者与生产者环境责任,形成 α-环境责任,反映了间接效应的部分转移。Rodrigues et al(2008)对比分析了指标"环境责任"和"α-环境责任",认为两者都从生产者和消费者的角度测度环境责任,只是"环境责任"是生产者和消费者责任总和的一个均值,而"α-环境责任"是 α-生产者责任(一个行业的生产者承担的责任)和 α-消费者责任(购买这个行业产品的家庭和政府承担的责任)之和。上述文献的研究结果论证了生产者和消费者共同承担责任可以诱导消费者消费碳排放量少的产品，促使生产者减少产品的隐含碳排放。但是，目前将共同承担责任的分配方案应用到实际定量研究当中的却屈指可数，Zaks et al(2009)结合土地利用科学和完全生命周期分析法，将种植大豆和养牛引起的土地利用及地表植被破坏带来的碳减排责任在农产品出口国巴西和最终进口国之间进行分配，研究结果表明，1990—2006年农产品生产累计产生的碳减排责任中，巴西生产牛肉所需承担的生产者责任约占碳减排总责任的50%，牛肉的进口国中东欧应承担消费者责任比例最大，大约为29.9%。

国内有关隐含碳排放的研究有李丽平等(2008)和纪玉山等(2010)对碳减排责任进行了定性研究，从国际贸易、发展权等视角强调重新界定温室气体排放的现代责任的重要性，并提出中国实现有效碳减排的政策建议。陈迎等(2008)应用基于投入产出表的能源分析方法，研究了中国外贸进出口商品中的内涵能源问题。樊纲等(2010)基于长期的、动态的视角，提出根据最终消费来衡量各国碳排放责任的理论，并计算了两个情景下1950—2005年世界各国累积消费排放量。周新(2010)对国际贸易中隐含的碳排放进行了核算，分别通过"消费者污染负担"原则及"生产者与消费者共同负担"原则重新试算了各国或地区的温室气体排放量。姚亮等(2010)利用IO—LCA方法及1997年中国区域间投入产出表来核算中国八大区域间产品(服务)以及隐含碳排放在区域之间流动和转移总量。徐盈之等(2010)从投入产出的视角出发，通过构建投入产出模型从产业层面分析中国27个产业部门在其生产与消费活动过程中产生的隐含碳排放的间接效应及其部分转移机制，并从生产者和消费者角度分析了各产业部门的碳减排责任。

2.4.3 有关碳减排绩效和碳减排潜力的研究

目前研究碳减排绩效和潜力的主要采用投入(产出)距离函数或者方向距离函数来估计污染物的影子价格，自从Färe et al(1985)介绍了一种有别于传统距离函数的新的距离函数，即双曲距离函数，它从成比例的扩大期望产出和减少非期望产出的能力这个角度评估生产者绩效。之后，Färe et al(1989)对双曲距离函数加以改进为非对称的区别对待期望和非期望产出，运用非参数的双曲距离函数测度环境绩效。近年来开始有更多的学者构造双曲距离函数来估计碳减排绩效和碳减排潜力(影子价格)。Cuesta et al(2005)提出双曲距离函数测度西班牙储蓄银行的环境效率。Cuesta et al(2009)构造环境双曲距离函数和增强的双曲距离函数，并将运用SFA法与DEA法得到的估计结果作对比，指出双曲距离函数几乎同质性的属性，能够很方便地构造出超越对数形式。

采用投入(产出)距离函数来研究碳减排绩效或潜力的文献也比较多，其中采用产出距离函数来研究的有Coggins et al(1996)估计出美国发电厂的二氧化硫影子价格。Kwon et al(1997)研究了 1990—1995 年间韩国煤炭发电厂二氧化硫、氮氧化合物、总固体悬浮颗粒物和二氧化碳的平均影子价格。Aiken et al(2003)则用产出距离函数估计出美国二维码制造业行业的二氧化硫的影子价格,并将研究结果同行业生产率的调整相结合。采用投入距离函数来研究的有 Lee(2005)估算的美国发电厂二氧化硫平均影子价格为 0.076 美元/磅(1976 年为基期价格),低于前人的研究结果,原因在于资本与二氧化硫较高的替代弹性。

基于方向距离函数的研究是目前较为主流的研究方法。主要有参数估计和非参数估计(DEA)两种估计方法。运用参数估计距离函数的有 Marklund et al(2007)利用参数二次方向距离函数估计欧盟国家的二氧化碳边际减排成本,以及 Cuesta et al(2005,2007)和 Maradan et al(2005)采用非参数方向距离函数估计了包括发达国家和发展中国家在内共计 76 个国家的二氧化碳边际减排成本。国内学者王群伟等(2010)利用含有非期望产出的 DEA 模型构建了可用于二氧化碳排放绩效动态变化的 Malmquist 指数,测度了中国各地区二氧化碳的排放绩效。陈诗一(2010)利用环境方向性距离函数分别用参数化和非参数估计两种方法研究中国工业 38 个两位数行业在 1980—2008 年的二氧化碳影子价格,得到较为一致的研究结果。刘明磊等(2011)利用非参数距离函数方法研究了能源消费结构约束下的中国省级地区碳排放绩效水平和二氧化碳边际减排成本。王群伟等(2011)利用环境生产技术和有向距离函数构造了要求二氧化碳减少与经济产出扩张的综合绩效指标,分析了中国主要工业省区碳排放绩效和减排潜力。

2.4.4 有关碳减排目标分解的研究

目前,对减排目标分解方案的研究主要是基于减排总成本最小化研究,因而减排成本的研究成为区域碳减排目标分配的关键。大多数研究设定减排目标时,基于不受控制的理论排放量设定一定的减排比例,或者对以往某一年份的排放量做出假定一定的减排量。对于减排总量的区域分配问题,国外的相关研究有 Bohm et al(1994)以欧盟的三个子集团西欧、东欧和前苏联的碳许可交易制度为研究对象,提出为体现欧盟碳交易市场的公平性和调动各子集团的积极性,应该使各子集团的碳减排边际成本等于均衡的碳交易价格,因而可以此为约束条件,设定碳强度为边际减排成本指标,估计出欧盟三个子集团的边际成本函数,并进一步测算出各子集团的碳减排量。Kaneko et al(2010)通过构造适用于火力发电行业的非参数定向距离函数测算出中国各省份的宏观生产率,实证研究结果表明,每投入 100 亿元的政府预算,就能使二氧化硫减排量额外减少 55 万吨,相比无政府干预情况要高出 1.7 倍以上,验证了政府干预会对二氧化硫减排产生显著影响这一假说,通过这种分配方法可得到不同省份的减排量。

国内的学者也针对 2020 年国家碳减排目标进行了减排目标在不同区域和行

业的分配方案研究。从区域分配角度展开研究的有:李陶等(2010)在前人研究的基础上拟合出中国边际碳减排成本曲线,据此得到碳强度下的各省市的减排成本估计模型,并进一步构建基于非线性规划的减排配额分配模型,测算了全国碳强度减排目标在不同省市的分配方案,结果显示,山东、河北、山西等少数省份应该承担大量的碳减排任务,而减排量最少的则是北京、青海和海南;孙根年等(2011)依据1995—2007年的有关数据构建出中国30个省区碳减排的环境学习曲线(ELC),利用ELC模型预测得到,2020年中国各省区碳减排潜力为15%~58%,全国碳减排总效率为30.6%,相比40%的减排目标还有9.4%的缺口,提出从"需求"与"可能"出发,将9.4%的缺口按比例分配到山西、内蒙古、宁夏等9个高碳省区,通过调整其能源结构和产业结构以实现更高目标的碳减排和分担率;夏炎等(2010)从行业角度研究了整体减排量在不同行业的分配方法,运用投入产出优化模型研究不同行业的实际节能潜力和结构调整潜力,据此分解出行业减排目标。研究结果发现,节能潜力大的行业,对实现全国目标的贡献大,但能实现的节能目标不一定大,因此要给予政策扶持。

第三章

中国低碳经济的发展现状分析

在理论分析基础之上,本部分对中国低碳经济的发展现状展开研究,主要从能源消费现状、主要污染物排放状况两个方面进行论述,然后通过碳排放驱动因素及脱钩效应的实证分析,考察影响中国低碳经济发展的主要驱动因素。其中,在能源消费现状分析方面,概述中国能源需求与供给的现状及两者之间关系,然后分别分析能源使用的生产和消费结构,再分区域对中国能源消费结构进行总结,得出中国各地区能源消耗现状。在对污染物现状分析方面,主要是对中国总体污染物排放情况、分地区排放情况和中国污染物治理投资及效果三个方面进行阐述。最后,运用改进的拉氏因素分解法,对中国制造业 1995—2007 年碳排放的驱动因素进行研究,并基于 DPSIR 框架构建碳排放脱钩指数,对制造业部门碳排放的脱钩效应进行测度。

3.1 中国能源消费现状分析

作为全球第二大能源生产国和第二大能源消费国,中国当前面临着经济增长和环境保护的双重压力。中国能源总量丰富,但人口众多,人均能源拥有量不足,与世界平均水平相比,中国的人均能源拥有量处于较低水平。中国人均煤炭、石油和天然气均低于世界平均水平。下面对中国近年来的能源供给、能源需求和能源消费结构进行概述。

3.1.1 中国能源需求与能源供给

1978 年改革开放以来,中国社会发展迅速,经济实力不断增强。一方面中国能源供给能力增强,为中国经济快速发展提供了有力的支撑和保障;另一方面,中国经济不断发展,工业化和城市化进程日益加快,一些高耗能产业的快速发展导致了能源供给不足,能源缺口日渐明显,逐渐成为制约经济社会发展的瓶颈。图 3-1

显示了1991—2011年间中国能源供需的走势及能源自给率的变化。总体看来,中国能源供给总量与能源需求总量均表现出逐年上升的趋势,但能源消费总量增加得更快,这导致中国能源自给率呈现出波动中下降的趋势。从图3-1可以看出,2007年中国能源自给率最低,约为88.15%,能源短缺现象非常明显。在多数年份内,中国能源生产不足以支持能源消费需求,能源需求缺口只能依靠进口来弥补。1991年,中国能源生产量在满足消费的基础上还有1 061万吨标准煤的盈余,而到2011年,中国能源缺口已达到30 015万吨标准煤,这对中国的能源战略安全构成了一定的威胁。

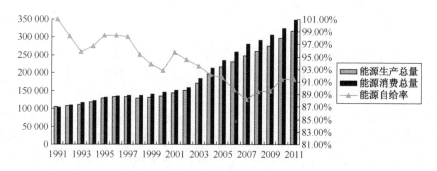

图3-1　1991—2011年中国能源供需走势及能源自给率

数据来源:根据中国统计年鉴2012数据绘制,单位:万吨标准煤。

3.1.2　中国能源生产结构与消费结构

从能源生产结构来看,煤炭的产量最多,历年的能源产出中,煤炭所占比重在73%~78%之间波动;其次是石油,其产量比煤炭少得多,且在整个能源产出中的比重逐年下降,由1991年的19.2%逐渐降低到2011年的9.1%;天然气和水电、风电、核电等清洁能源的产出在整个能源产出体系中的比重虽然偏低,但该比重逐年上升,至2011年,天然气占比达4.3%,水电、核电、风电占比达9.4%,二者之和已经突破10%,这主要得益于中国相关的改善能源结构、促进节能减排政策的影响。能源生产结构的清洁化、可再生化发展是实现中国降低一次能源消费、加强清洁能源和可再生能源消费目标的前提,只有生产出更多的清洁可再生能源,才能满足能源消费结构转变的需求,减少能源供需的缺口。图3-2列示了近20年内中国能源生产结构的变化过程。

从能源消费结构来看,煤炭在中国的能源消费中占最主要的地位,石油的使用量比煤炭少得多,而天然气、水电、核电和风电等清洁能源的比重偏低,但是随着中国节能减排政策的推行以及美丽中国等理念的倡导,清洁能源在整个能源消费结构中的比重逐年加大,这也侧面说明了中国推行的相关政策已取得了一定成效。

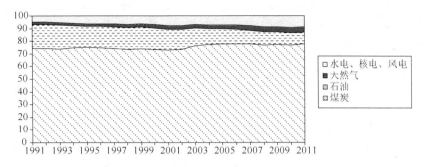

图 3-2　1991—2011 年中国能源生产结构

数据来源:根据中国统计年鉴 2012 数据绘制。

中国煤炭资源相对丰富,使用技术相对成熟,使用成本相对较低,因此短期内煤炭在中国能源消费结构中的主导地位不会改变;但中国的资源禀赋约束和环境保护目标均要求中国在促进经济发展的过程中降低一次能源消费,加强清洁能源和可再生能源消费。为此,中国在改善能源消费结构方面付出了巨大努力,制订了各项政策并采取了多种措施,如在多地区兴建核电站、增加水电发电量、鼓励使用天然气等,但由于客观条件限制,中国当前的能源消费结构暂未发生质的变化,仍表现为煤炭和石油资源为主的能源消费结构。图 3-3 列示了近 20 年内中国的能源消费结构变化过程。

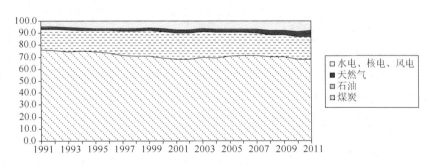

图 3-3　1991—2011 年中国能源消费结构

数据来源:根据中国统计年鉴 2012 数据绘制。

从图 3-3 中可以看出,1991 年以来,中国煤炭消费比重基本维持在 68% 之上,但呈现下降趋势;石油消费比重由 1991 年的 17.1% 上升到 2002 年的 22.3%,随后逐渐下降至 2011 年的 18.6%;天然气与水电、核电和风电能源占能源消费总量的比重很少,但该比重从 1991 年的 6.8% 逐渐上升到 2011 年的 13.0%。当前,中国清洁能源和可再生能源的开发利用尚不充分。当前这种以不可再生能源、污染严重能源为主的能源消费结构不仅对中国的能源安全造成了很大的压力,也间接地给中国环境、社会等方面造成了极大压力,因此对中国来说,调整和改善能源消费结构具有重要的现实意义,但需持之以恒地付出努力。

3.1.3　中国区域能源消费结构

中国各区域的资源禀赋存在较大差异,各区域的经济发展水平也有所不同,与之相伴的,各区域的能源消费结构也表现出较大的差异性,如图3-4所示。

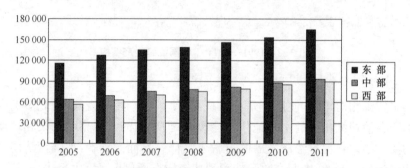

图 3-4　2005—2011 年中国三大区域能源消费结构①

数据来源:根据历年中国统计年鉴数据整理绘制。

从图3-4可以直观地看出,中国的能源消费主要集中在东部地区,另外中部地区的能源消费量略多于西部。2005—2010年间,中国三大区域的能源消费量逐年上升,东部地区经济发展水平最高、速度最快,需要输入大量能源以支持其发展,但东部大部分城市均远离能源基地,自身能源供给不足,需要通过中西部地区的能源输入来弥补能源需求缺口。但从运输角度看,东部地区和中西部地区之间的空间距离使得煤炭和石油运输因路途遥远而变得极不经济。因此,纵观中国东中西三大区域能源消费的区域集中性,以及中国能源资源分布的区域不均衡性,可以发现不仅中国总体上的能源供需矛盾将长期存在,各区域的能源供需矛盾也将长期存在,其中最为明显的就是东部地区能源需求的缺口。虽然长距离的能源运输需要付出极大的经济成本,但在当前东部地区清洁能源和可再生能源的使用尚不足以取代煤炭资源的情况下,中西部地区仍将在相当长的时间内,通过实施"西煤东运"、"北煤南运"和"西气东输"等能源战略措施,为东部地区提供各项能源资源。

综合以上分析可以发现,中国能源的总体供需矛盾显著且将长期存在,能源分布和需求均表现出明显的区域不均衡性,中国区域能源供需矛盾较之于全国总体

---

① 东部地区包括北京、天津、河北、辽宁、上海、江苏、浙江、福建、山东、广东和海南;中部地区包括山西、吉林、黑龙江、安徽、江西、河南、湖北和湖南;西部地区包括内蒙古、广西、重庆、四川、贵州、云南、陕西、甘肃、青海、宁夏、新疆和西藏。

供需矛盾更加严重,这将给中国经济发展带来许多不利的影响。单纯依靠中西部地区向东部地区输送能源,并不能完全解决东部地区能源供应不足的问题,而且这一措施对于解决中国总体能源供应不足的问题没有任何帮助。中国在经济发展过程中,应着力降低能源消耗,提高能源利用效率,这才是中国能源问题最根本的解决途径。

3.1.4　中国各地区能源消耗指标

中国各地区的能源消费情况存在较大差别,同时经济发展情况也大不相同,因此不能片面地考查地区能耗,而应将能耗与经济总量结合起来,考查各地的节能降耗活动。表3-1列出了各省级单位的万元 GDP 能耗和单位工业增加值能耗两项指标。

表 3-1　2005—2011 年中国各省级单位能源消耗指标①

	万元地区生产总值能耗(吨标准煤/万元)							万元工业增加值能耗(吨标准煤/万元)						
	2005	2006	2007	2008	2009	2010	2011	2005	2006	2007	2008	2009	2010	2011
北　京	0.79	0.76	0.71	0.66	0.61	0.58	0.46	1.50	1.33	1.19	1.04	0.91	0.80	0.65
天　津	1.05	1.07	1.02	0.95	0.84	0.83	0.71	1.45	1.33	1.22	1.05	0.91	0.79	0.73
河　北	1.98	1.90	1.84	1.73	1.64	1.58	1.30	4.41	4.19	3.87	3.32	3.00	2.64	2.46
山　西	2.89	2.89	2.76	2.55	2.36	2.24	1.76	6.57	5.89	5.42	4.89	4.55	4.17	3.93
内蒙古	2.48	2.41	2.30	2.16	2.01	1.92	1.41	5.67	5.37	4.88	4.19	3.56	3.04	2.90
辽　宁	1.73	1.78	1.70	1.62	1.44	1.38	1.10	3.11	2.92	2.65	2.43	2.26	2.08	1.98
吉　林	1.47	1.59	1.52	1.44	1.21	1.15	0.92	3.25	2.80	2.37	1.98	1.62	1.34	1.28
黑龙江	1.46	1.41	1.35	1.29	1.21	1.16	1.04	2.34	2.23	1.90	1.90	1.38	1.13	1.07
上　海	0.89	0.87	0.83	0.80	0.73	0.71	0.62	1.18	1.20	1.01	0.96	0.96	0.93	0.87
江　苏	0.92	0.89	0.85	0.80	0.76	0.73	0.60	1.67	1.57	1.41	1.27	1.11	0.98	0.93
浙　江	0.90	0.86	0.83	0.78	0.74	0.72	0.59	1.49	1.43	1.30	1.18	1.12	1.04	1.02
安　徽	1.22	1.17	1.13	1.08	1.02	0.97	0.75	3.13	2.86	2.63	2.34	2.10	1.88	1.70
福　建	0.94	0.91	0.88	0.84	0.81	0.78	0.64	1.45	1.37	1.32	1.18	1.15	1.07	1.06
江　西	1.06	1.02	0.98	0.93	0.88	0.85	0.65	3.11	2.72	2.35	1.94	1.67	1.43	1.33
山　东	1.32	1.23	1.18	1.10	1.07	1.03	0.86	2.15	2.02	1.89	1.70	1.54	1.39	1.29
河　南	1.40	1.34	1.29	1.22	1.16	1.12	0.90	4.02	3.78	3.45	3.08	2.71	2.40	2.19
湖　北	1.51	1.46	1.40	1.31	1.23	1.18	0.91	3.50	3.33	3.02	2.68	2.35	2.07	1.93

①　因西藏和新疆数据缺失,未加以列示。万元工业增加值能耗 2010 年的数据根据前三年变化趋势推得,2011 年的数据根据 2010 年的数据以及 2011 年的增减情况计算而得。

续表 3-1

	万元地区生产总值能耗（吨标准煤/万元）							万元工业增加值能耗（吨标准煤/万元）						
	2005	2006	2007	2008	2009	2010	2011	2005	2006	2007	2008	2009	2010	2011
湖 南	1.47	1.35	1.31	1.23	1.20	1.17	0.89	2.88	2.74	2.51	1.98	1.57	1.24	1.13
广 东	0.79	0.77	0.75	0.72	0.68	0.66	0.56	1.08	1.04	0.98	0.87	0.81	0.74	0.70
广 西	1.22	1.19	1.15	1.11	1.06	1.04	0.80	3.19	2.88	2.61	2.34	2.24	2.07	1.94
海 南	0.92	0.91	0.90	0.88	0.85	0.81	0.69	3.65	3.15	2.71	2.61	2.61	2.56	2.89
重 庆	1.43	1.37	1.33	1.27	1.18	1.13	0.95	2.75	2.63	2.41	2.11	1.85	1.63	1.54
四 川	1.60	1.50	1.43	1.38	1.34	1.28	1.00	3.52	2.82	2.62	2.48	2.25	2.08	1.92
贵 州	2.81	3.19	3.06	2.89	2.35	2.25	1.71	5.38	5.21	4.89	4.32	4.32	4.07	3.74
云 南	1.74	1.71	1.64	1.56	1.50	1.44	1.16	3.55	3.40	3.16	2.85	2.74	2.55	2.30
陕 西	1.48	1.43	1.36	1.28	1.17	1.13	0.85	2.62	2.46	2.27	2.01	1.37	1.07	1.01
甘 肃	2.26	2.20	2.11	2.01	1.86	1.80	1.40	4.99	4.59	4.29	4.05	3.53	3.20	3.14
青 海	3.07	3.12	3.06	2.94	2.69	2.55	2.08	3.44	3.64	3.47	3.24	2.94	2.70	2.96
宁 夏	4.14	4.10	3.95	3.69	3.45	3.31	2.28	9.03	8.68	8.12	7.13	6.51	5.83	6.69

数据来源：根据历年中国统计年鉴数据整理而成。

表 3-1 表明，大部分地区节能降耗情况在 2005—2011 年间有所进步，说明中国节能降耗政策措施已经取得了一定成效。对于万元地区生产总值能耗指标来说，除了 2005—2006 年贵州等六省的万元 GDP 能耗略有上升外，其余均表现为下降特征；对于万元工业增加值能耗指标来说，2010—2011 年海南、青海和宁夏三省的万元工业增加值能耗有所增加，除此以外，其余均表现出下降特征。这说明中国大部分省份已经意识到节能降耗的重要性，积极采取节能降耗措施且已取得了良好效果，应该再接再厉，继续实施相关对策，以争取更大进步。

3.1.5 中国能源消费结构与碳排放灰色关联分析

能源是人类生存、经济发展和社会进步的重要物质基础。能源消费与经济增长的关系，主要表现为：首先，经济增长对能源资源具有依赖性；第二，能源的发展要通过经济增长，才能体现出其价值。随着经济高速增长，能源对经济发展的瓶颈作用也日益凸显。中国以煤炭为主的能源消费结构带来了严重的环境污染问题，据统计 2008 年中国的二氧化碳排放总量为 6 896 万吨，二氧化硫排放量为 2 321.2 万吨，烟尘排放量为 901.6 万吨，工业粉尘排放量为 484.9 万吨。接下来将运用灰色关联分析法定量分析中国能源消费结构分别对经济发展、二氧化碳排放的影响。

中国学者对能源消费结构与经济增长与二氧化碳排放之间的影响研究较多，研究方法也多种多样，如利用回归、聚类分析、因子分析和主成分分析等方法，这些方法对样本数据的数量与分布要求较高，对于多因素、非线性系统则难以处理。目前中国的二氧化碳排放数据工作统计尚不完善,现有数据灰度较大,灰色关联分析法恰好能弥补这一缺陷,并且比其他方法更能反映因素间的远近次序和空间分布规律。

1. 灰色关联模型的构建

灰色关联分析即关联度分析是一种因素分析方法,其核心是计算关联度。本部分将利用邓式关联度对南京市产业结构变动与经济增长关系进行分析。模型构建步骤如下:

(1)原始数据转换。在进行灰色关联度分析时,一般都要对原始数据进行标准化(无量纲化)处理。本研究采用初值化变换方法进行标准化处理,即分别用同一序列的第一个数据去除后面的各个原始数据,得到新的倍数数列,即初值化数列。

(2)构建参考数列 X_0 和比较数列 X_i

$$X_0 = \{X_0(t) \mid t = 1, 2, 3, \cdots, n\} = \{X_0(1), X_0(2), X_0(3), \cdots, X_0(n)\}$$
$$X_i = \{X_i(t) \mid t = 1, 2, 3, \cdots, n\} = \{X_i(1), X_i(2), X_i(3), \cdots, X_i(n)\}$$
$$(i = 1, 2, \cdots, m)$$

(3)计算比较数列与参考数列在 t 时刻的关联系数 $\xi_0(t)$

$$\xi_0(t) = \frac{\min_i \min_t |\Delta_i(t)| + \rho \max_i \max_t |\Delta_i(t)|}{|\Delta_i(t)| + \rho \max_i \max_t |\Delta_i(t)|} \tag{3-1}$$

其中 $|\Delta_i(t)| = |X_0(t) - X_i(t)|$ 称为 X_0 与 X_i 第 t 个指标(或时刻、空间)的绝对差;ρ 为分辨系数,取值范围为 $[0, 1]$。ρ 越小,分辨率越大。一般地取 $\rho = 0.5$;$\min_i \min_t |\Delta_i(t)|$ 为两级最小差;$\max_i \max_t |\Delta_i(t)|$ 为两级最大差。

(4)计算比较数列与参考数列的关联度 r_{i0}

$$r_{i0} = \frac{1}{n} \sum_{i=1}^{n} \xi_{i0}(t) \tag{3-2}$$

2. 变量选择及数据说明

本部分所需数据为 1996—2009 年的国内生产总值(Y_1)、中国二氧化碳排放量(Y_2)、煤炭消费量(X_1)、石油消费量(X_2)、天然气消费量(X_3)和水电、风电、核电消费量(X_4)。其中 1996—2009 年国内生产总值、煤炭、石油、天然气和风电、水电、核电的数据来源于《中国统计年鉴 2010》;1996—2005 年二氧化碳排放量数据来源于世界银行 WDI 数据库,2006—2008 年数据来源于 IEA 出版的《Key World Energy Statistic(2010)》,2009 年数据由作者在已有数据的基础上推算得出。由于原始数据量纲不同,首先需要对各数据进行无量纲化处理。

3. 能源消费结构与经济发展以及二氧化碳排放的关联度分析

(1) 能源消费结构与经济发展之间的关联度分析

对各个原始数据进行无量纲处理后,根据式(3-1)和式(3-2)计算得出 1996—2009 年能源消费结构与经济发展的关联系数以及能源消费结构与经济增长的关联度,结果如表 3-2 所示。

表 3-2　中国能源消费结构与经济发展的灰色关联度

年份	$\xi_{10}(t)$	$\xi_{20}(t)$	$\xi_{30}(t)$	$\xi_{40}(t)$
1996	1	1	1	1
1997	0.895 6	0.989 0	0.886 6	0.993 8
1998	0.818 8	0.963 3	0.983 4	0.980 7
1999	0.768 4	0.960 7	0.921 4	0.908 5
2000	0.705 6	0.920 2	0.936 6	0.852 2
2001	0.661 5	0.849 3	0.941 4	0.881 8
2002	0.642 0	0.828 3	0.900 3	0.883 8
2003	0.629 7	0.784 0	0.955 6	0.797 9
2004	0.584 5	0.738 6	0.872 1	0.753 7
2005	0.550 8	0.645 3	0.942 2	0.725 8
2006	0.492 6	0.556 8	0.940 8	0.652 9
2007	0.427 2	0.443 3	0.975 9	0.521 9
2008	0.356 7	0.362 2	0.930 7	0.478 1
2009	0.333 3	0.333 3	0.998 3	0.449 8
关联度	0.633 3	0.741 0	0.941 8	0.777 2

数据来源:根据计算结果整理而成。

可见,总体来看,中国的主要能源品种消费与经济发展的灰色关联系数都很大,均在 0.6 以上,关联程度很高,能源消费对经济发展产生了显著的影响作用。

从表 3-2 中可以得出如下结论:

第一,1996—2009 年以来,能源消费结构与经济发展关系密切。其中,天然气消费对经济发展的关联度最大,达到了 0.941 8;接着依次是水电、风电、核电与石油,关联度分别为 0.777 2 和 0.741 0;关联度最小的是煤炭,其与经济发展的关联度仅有 0.633 3;

第二,在研究期间内,煤炭、石油、水电、风电、核电与经济发展的关联系数呈下降趋势,天然气与经济发展的关联系数较为复杂,大体呈现出先递减后递增的趋势。其中煤炭与石油的关联系数下降最为明显,降幅均达到 66.7%;其次是水电、核电、风电的关联系数,降幅达 56.0%;天然气与经济发展的关联系数从 1998 年开始呈下降趋势,2004 年达到最低,为 0.872 1,然后开始上升,2009 年关联系数升至 0.998 3。综上可知,能源消费结构与经济发展关系密切,与煤炭和石油相比,天然气、水电、风电和核电对经济发展的拉动作用越来越大。

（2）能源消费结构与二氧化碳排放之间的关联度分析

对各原始数据进行无量纲处理后,根据式(3-1)和式(3-2)计算得出 1996—2009 年能源消费结构与二氧化碳排放的关联系数以及能源消费结构与二氧化碳排放的关联度,结果如表 3-3 所示。

表 3-3　中国能源消费结构与二氧化碳排放的灰色关联度

年份	$\xi_{10}(t)$	$\xi_{20}(t)$	$\xi_{30}(t)$	$\xi_{40}(t)$
1996	1	1	1	1
1997	0.975 9	0.905 1	0.965 1	0.908 8
1998	0.968 1	0.865 7	0.851 0	0.853 1
1999	0.915 8	0.851 2	0.886 7	0.899 1
2000	0.886 9	0.824 8	0.814 3	0.892 5
2001	0.883 6	0.822 4	0.754 4	0.798 4
2002	0.899 3	0.797 9	0.744 9	0.756 8
2003	0.889 8	0.829 3	0.700 8	0.822 0
2004	0.856 2	0.826 0	0.711 1	0.817 7
2005	0.889 5	0.854 9	0.608 7	0.757 1
2006	0.976 4	0.801 1	0.510 3	0.674 4
2007	0.920 0	0.814 5	0.412 2	0.658 2
2008	0.981 1	0.878 4	0.359 9	0.573 5
2009	0.968 0	0.949 4	0.333 3	0.569 1
关联度	0.929 3	0.858 6	0.689 5	0.784 3

数据来源:根据计算结果整理而成。

可见,总体来看,中国的主要能源品种消费与环境污染的灰色关联系数都很大,均在 0.6 以上,关联程度很高,能源消费对二氧化碳排放产生了显著的影响作用。

从表 3-3 可以得出如下结论:

第一,1996—2009 年以来,能源消费结构与二氧化碳排放关系密切。其中,煤炭消费对二氧化碳排放的关联度最大,达到了 0.929 3;接着依次是石油与水电、风电、核电,关联度分别为 0.858 6 和 0.784 3;关联度最小的是天然气,其与二氧化碳排放的关联度仅有 0.689 5;

第二,在研究期间内,天然气、水电、风电、核电与二氧化碳排放的关联系数呈下降趋势,煤炭、石油与二氧化碳排放的关联系数较为复杂,大体呈现出先递减后递增的趋势。其中天然气与二氧化碳排放的关联系数下降最为明显,降幅达到66.7%;其次是水电、核电、风电的关联系数,降幅达43.1%;煤炭与二氧化碳排放的关联系数先呈下降趋势,2004年达到最低,为0.856 2,然后开始上升,2009年关联系数升至0.968 0;石油与二氧化碳排放的关联系数先呈下降趋势,2002年达到最低,为0.797 9,然后开始上升,2009年关联系数升至0.949 4。综上可知,能源消费结构与二氧化碳排放关系十分密切,煤炭和石油由于其能源本身的特点是造成二氧化碳排放的主要原因,水电、风电与核电不会产生二氧化碳,是二氧化碳排放减少的主要因素,所以与二氧化碳排放的关联度也较高。

3.2 中国主要污染物排放现状

中国当前的生产模式存在"高投入、高能耗、高污染、低效益"的三高一低特征。2007年出台的《国务院关于印发节能减排综合性工作方案的通知》明确规定了"十一五"期间的减排目标,即主要污染物排放总量减少10%。2012年出台的《节能减排"十二五"规划》则明确了中国2015年的减排目标,即全国化学需氧量和二氧化硫排放总量分别控制在2 347.6万吨和2 086.4万吨,全国氨氮和氮氧化物排放总量分别控制在238万吨和2 046.2万吨①。以下将主要考查中国历年化学需氧量、二氧化硫、氨氮、氮氧化物和工业固体废物这5种污染物的排放情况。

3.2.1 中国总体污染物排放情况

表3-4 中国2000—2011年主要污染物排放总体情况②

	2000	2001	2002	2003	2004	2005	2006	2007	2008	2009	2010	2011
化学需氧量	1 445	1 405	1 367	1 334	1 339	1 414	1 428	1 382	1 321	1 278	1 238	2 500
二氧化硫	1 995	1 948	1 927	2 159	2 255	2 549	2 589	2 468	2 321	2 214	2 185	2 218
氨氮	—	125	129	130	133	150	141	132	127	123	120	260
氮氧化物	—	—	—	—	—	—	1 524	1 643	1 625	1 693	1 852	2 404
固体废物排放量	3 183	2 894	2 635	1 941	1 762	1 655	1 302	1 197	782	710	498	433

数据来源:根据历年全国环境统计公报(2000—2010)以及中国统计年鉴数据整理而成。

表3-4列出了2000—2011年中国5项主要污染物的排放情况,因为2011年环境保护部对废水排放的统计范围扩展为工业源、农业源、城镇生活源、机动

---

① 中国在十二五规划期间改变了统计口径。
② 中国从2006年开始统计氮氧化物排放量。

车、集中式污染治理设施 5 个部分,所以 2011 年的化学需氧量和氨氮排放量的数据较 2010 年有巨幅增加。而在 2000—2010 年间,化学需氧量排放一直下降,氨氮排放量有所波动。在 2000—2011 年间,二氧化硫排放先增后减,氮氧化物排放一直增加,工业固体废物排放量则大幅减少,具体变化趋势如图 3-5 所示。这说明中国污染物减排形势不容乐观,需要付出更大努力来治理污染物大量排放的现象。

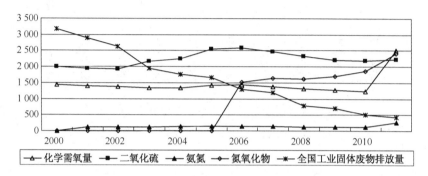

图 3-5　中国 2001—2010 年污染物排放总体情况

3.2.2　中国各区域污染物排放情况

中国区域生产能力差异、能源消费差异和技术水平差异导致中国污染物排放也存在较大的区域差异。以下将分东中西三大区域对污染物排放情况进行进一步的区域间比较。

表 3-5　中国 2002—2011 年三大区域 COD 和 SO_2 排放情况[①]

化学需氧量	2002	2003	2004	2005	2006	2007	2008	2009	2010	2011
东部地区	534	535	529	575	571	551	520	498	475	1 022
中部地区	413	423	429	443	450	438	421	408	396	846
西部地区	359	375	381	396	406	393	380	372	367	632
二氧化硫	2002	2003	2004	2005	2006	2007	2008	2009	2010	2011
东部地区	757	835	852	968	963	913	843	792	772	792
中部地区	466	538	590	685	694	667	629	603	596	617
西部地区	654	786	813	897	930	888	848	819	817	809

数据来源:根据历年中国统计年鉴数据整理而成。

表 3-5 列出了 2002—2011 年三大区域化学需氧量和二氧化硫排放的对比情

---

①　由于数据缺失,分区域的 COD 和 SO_2 排放量从 2002 年开始统计。

况,由图 3-6 和图 3-7 可以直观地看出,各区域 COD 排放均经历了先升后降的过程(除 2011 年),且东部地区 COD 排放最多;东部地区在 2002—2007 年也是 SO_2 排放最多的地区,随后被西部超越,中部地区的 SO_2 排放最少。因此三大区域都应加大污染物减排力度,其中最应关注的是东部地区。

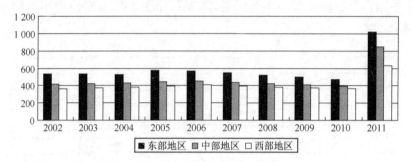

图 3-6　2002—2011 年三大区域 COD 排放情况

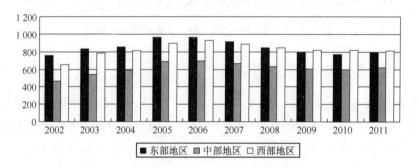

图 3-7　2002—2011 年三大区域 SO_2 排放情况

　　氮氧化物和氨氮近几年才被纳入统计指标,因此主要对 2011 年的截面数据进行分析。如下图 3-8 和图 3-9 所示,东部地区排放量最大,西部地区排放量最小。可以得出与上部分类似的结论,即三大区域都应加大减排力度,其中最应关注的是东部地区。

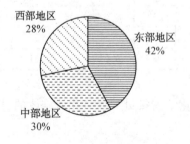

图 3-8　2011 年三大区域氮氧化物排放情况

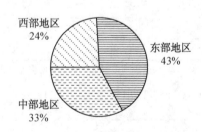

图 3-9　2011 年三大区域氨氮排放情况

除了因废水和废弃物带来的污染排放物,固体废物排放也存在一定的区域差异。表3-6显示东中西三大区域的固体废弃物逐年增多,东部地区的经济发展水平最高,伴随着生产活动而产生的固体废弃物最多,中西部地区的固体废弃物产生量无较大差别。

表3-6　中国2000—2011年三大区域固体废弃产生量

固体废弃物产生量	2000	2001	2002	2003	2004	2005	2006	2007	2008	2009	2010	2011
东部地区	3.14	3.86	3.83	3.87	5.05	5.51	6.07	6.96	7.55	8.16	9.71	12.39
中部地区	2.84	2.85	3.19	3.41	3.73	4.13	4.64	5.29	5.90	6.28	7.02	9.25
西部地区	2.18	2.17	2.42	2.76	3.22	3.81	4.44	5.31	5.57	5.96	7.37	10.62

数据来源:根据历年中国统计年鉴数据整理而成。

3.2.3　中国污染治理投资情况及效果

节能减排工作的落实不仅需要政策引导、企业思想觉悟升华和社会责任感加强,还需要一定的资金投资作为支撑。图3-10反映中国历年在环境污染治理方面投资额的变化情况。从图中可以看出,近年来中国在环境污染治理方面的投资力度逐年加大,其中2007年、2008年和2010年投资额的增加幅度分别达到了32%、33%和47%;另外,每年的环境污染治理投资占国内生产总值的比重均在1%之上。这体现了中国政府对污染物减排的重视程度,这为中国加强和深化节能减排工作提供了有力保障。

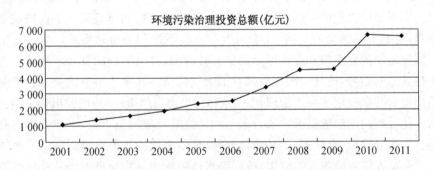

图3-10　2001—2011年中国环境污染治理投资总额

数据来源:根据历年全国环境统计公报(2001—2010)以及中国统计年鉴数据整理绘制。

在中国的污染物排放中,工业污染占据相当大的比重,因此以下对工业污染治理投资完成情况进行分析,数据如表3-7所示。

表 3-7　中国 2000—2011 年工业污染治理完成投资情况

年份	工业污染治理完成投资总额(亿元)	废水治理	废气治理	固体废物治理
2000	235	110	91	11
2001	175	73	66	19
2002	188	71	70	16
2003	222	87	92	16
2004	308	106	143	23
2005	458	134	213	27
2006	484	151	233	18
2007	552	196	275	18
2008	543	195	266	20
2009	443	149	232	22
2010	397	130	188	14
2011	444	158	212	31

数据来源:根据中国统计年鉴 2012 数据整理而成。

从上表数据可以看出,近年来工业污染治理完成投资总额在波动中有所上升,2007 年度投资额高达 552 亿元。在这些工业污染治理投资中,相当大一部分被用于工业废气治理。中国当前的大气污染现象非常明显,且主要表现出煤烟型污染特征,如 $PM_{2.5}$、雾霾天气、SO_2 排放导致的酸雨、CO_2 排放导致的温室效应等,这些大气污染现象给人们的生活和健康带来了很大的影响,如雾霾天气不仅造成能见度降低,影响人们的交通出行,还会对人的呼吸系统和心血管系统产生一定的影响。肺癌是中国发病率和死亡率最高的恶性肿瘤,并且肺癌的发病率和死亡率仍处于持续上升趋势,这与中国当前严重的大气污染存在密不可分的关系。工业污染治理投资其次被用于废水治理,中国水体污染也很严重,多地均曾出现过因水的富营养化导致的湖泊蓝藻事件和自来水被污染等环境污染事故,工业废水具有量大、面广、成分复杂、毒性大、不易净化等特点,是水域的主要污染源之一。水体污染同样会对人体造成很大的危害,被污染水体中的污染物通过直接的饮用水或者间接的食物链进入人体,从而使人急性或慢性中毒。以上事实皆说明中国在废气和废水方面的治理投资具有重要的现实意义。

对三废产品进行循环利用,产生新的产品价值,一方面能够直接减少污染物排放,为减排工作做出贡献;另一方面能够减少部分能源投入,间接地为节能工作做出贡献。表 3-8 列出了中国历年三废综合利用产品价值。

表 3-8　中国 2000—2011 年三废综合利用产品价值

三废综合利用价值(亿元)	2000	2001	2002	2003	2004	2005	2006	2007	2008	2009	2010	2011
东部地区	150	182	201	219	299	392	589	795	926	908	975	1 047
中部地区	93	84	111	133	166	195	247	311	411	397	477	558
西部地区	68	78	74	89	108	169	191	245	284	303	326	365

数据来源:根据历年中国统计年鉴数据整理而成。

　　结合表 3-8 和图 3-11 可以看出,在综合利用三废形成新产品价值的过程中,东部地区的表现远好于中西部地区,尤其是在 2006—2010 年期间,东部地区的三废产品综合利用价值是中部地区的两倍多,是西部地区的三倍多。三大区域的三废综合利用情况都在进步,但在这一过程中,中西部地区可以向东部地区学习经验,以更好地利用三废产品,促进节能减排工作的实施。

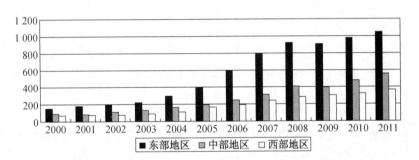

图 3-11　中国 2000—2011 年三废综合利用产品价值变化情况

3.3　中国碳排放的驱动因素及脱钩效应: 来自中国制造业的证据

3.3.1　研究背景

　　随着中国经济的不断增长,能源消耗导致的温室气体排放量不断增加,气候变化对人类的生存环境、社会和经济的发展构成了严重的威胁,已成为当前国内及国际上最为关注的焦点,因此如何有效实现碳减排是当前乃至今后全球可持续发展的核心任务,对中国而言既是挑战也是机遇。哥本哈根世界气候大会上中国提出了“到 2020 年,在 2005 年水平上消减碳密度 40%～45%”的减排目标,如何将减排政策措施落实到产业层面将是实现上述行动目标的关键所在。中国目前的经济增长仍处在以制造业增长为主的阶段,制造业部门的发展不仅主导着中国的经济增长,同时通过对能源的大量消耗进而产生了相当大比例的碳排放量。面对《京都议定书》和哥本哈根气候大会的减排呼吁,对制造业部门碳排放进行深入的研究并给出相应的产业低碳发展建议,是中国实现低碳经济转型的突破口,具有重要的现实意义和理论价值。

制造业对能源价格的市场变动、能源政策以及减排政策的变动较为敏感,直接表现为制造业各部门的产出比例、能源结构以及能源效率等方面,所以本书采取因素分解法对其能源消耗引起的碳排放进行研究,以期不仅对制造业碳排放进行一个直观全面的了解,还能从产出、能源结构以及能源效率等方面来反映制造业碳排放的具体情况,从而打开制造业碳排放的"黑盒子"。因素分解法较多地应用于考察能源消费的影响机制,近年来由于全球气候变化的严峻形势,该方法在温室气体排放的研究中开始流行起来,其特点在于通过不同的分解方法将碳排放分解成不同的部分,进而清晰而直接地找出碳排放的驱动因素以及变化趋势。不同的分解方法特征各异,为此 B. W. Ang(2004)对各种分解分析方法进行了比较,指出虽然迪氏因素分解法的理论基础较强,但拉氏因素分解法更加有利于根据研究目的进行相互之间的比较。Greening 等(1997)也通过研究发现传统的拉氏分解模型存在着很大的未分解余量,可能会有一些重要的信息被遗漏,所以 Sun(1998)基于"共同创造与平均分配(Jointly Created and Equally Distributed)"原则对传统的拉氏分解模型进行了改进,以消除较大的未分解余量,使得该方法更加准确。本部分在此基础上根据研究需要以及数据的可得性,对该方法进行了扩展,将采用改进的拉氏因素分解法进行相关研究。

从目前国内的研究现状来看,从产业层面对碳排放以及低碳经济的研究鲜有涉及,大多数文献都局限于研究一个国家或地区的碳排放,不利于产业减排政策的制定;其次,对碳排放进行分解时,采用简单的分解方法造成因素不能完全分解;同时现有文献对时间序列数据的不同阶段的划分带有较大的随意性,不能很好地分析某些特殊阶段的特定发展模式;再者,在因素分解的基础上,对碳排放脱钩效应进行分解还未有涉及。所以本部分将对以上问题进行拓展,通过改进的拉氏因素分解法对 1995—2007 年中国制造业的碳排放进行分解,并且在分解模型的基础上对制造业碳排放脱钩效应进行测度,回答是什么因素导致了中国制造业碳排放量的快速上升? 如何从政策层面控制这类因素从而减缓中国制造业碳排放的增长? 如何通过衡量经济增长与碳排放不同步的脱钩指标来研究发展低碳经济的同时实现制造业发展与减排的双赢? 在脱钩效应的实现中什么因素起着关键作用?

3.3.2 实证模型介绍

本部分所要测度的是制造业消耗能源所导致的碳排放,如式(3-3)所示:

$$C_t = E_t \cdot \sum_j s_{jt} f_{jt} \tag{3-3}$$

其中 s_{jt} 为 t 时期制造业的 j 种能源在总能源消耗中所占的比例，f_{jt} 为 t 时期 j 种能源的碳排放因子[①]。

同时，能源消耗总量 E_t 可以表示为能源强度 e_t 与产出 P_t 的乘积[②]，所以 E_t 可由式 3-4 表示：

$$E_t = P_t \cdot \sum_i a_{it} e_{it} \tag{3-4}$$

其中 a_{it} 为 t 时期制造业内 i 部门增加值占制造业总增加值的比重，e_{it} 为 t 时期制造业内 i 部门的能源消费量占制造业总能源消耗的比重。

结合式(3-3)和式(3-4)可得：

$$C_t = P_t \cdot \sum_i a_{it} e_{it} \cdot \sum_j s_{jt} f_{jt} \tag{3-5}$$

所以，从时期 0 到时期 t 的碳排放变化量 ΔC_t 可以表示为：

$$\Delta C_t = P_t \cdot \sum_i a_{it} e_{it} \cdot \sum_j s_{jt} f_{jt} - P_0 \cdot \sum_i a_{i0} e_{i0} \cdot \sum_j s_{j0} f_{j0} \tag{3-6}$$

根据以上模型，本书可以将 ΔC_t 分解成以下 5 个部分：

$$\Delta C_t = \Delta P_t + \Delta a_t + \Delta e_t + \Delta s_t + \Delta f_t \tag{3-7}$$

其中，ΔP_t 为产出效应，表示为制造业增加值的变化导致的碳排放变化量；Δa_t 为经济结构效应，表示制造业内部的经济结构变化导致的碳排放变化量；Δe_t 为能源强度效应，表示由于能源强度变化导致的碳排放变化量；Δs_t 为能源结构效应，表示制造业对不同能源使用比例的变化导致的碳排放变化量；Δf_t 为排放因子效应，表示不同能源的碳排放因子变化导致的碳排放变化量[③]。以上 5 个部分不仅能单独影响制造业的碳排放，而且各个部分在从基年到 t 年的变化中，其余 4 个部分的共同效应也影响着制造业的碳排放，所以为了使分解更加彻底，本书遵循 Sun(1998)提出的"共同创造与平均分配"原则，将这些共同效应进行平均分配。

3.3.3 脱钩指数的构建

碳排放分解虽然可以帮助我们了解制造业碳排放变化量的驱动因素，但该分

---

① 本书所用碳排放因子来自 IPCC(2006)。
② 能源强度的定义为单位产值的能源消耗总量。
③ 传统的化石能源排放因子是固定的，所以本书中的排放因子效应主要是由电能以及热能排放因子的变化所引起。

解仅从表面上反映了制造业的碳减排情况,不能具体而客观地衡量政府的减排努力导致的碳减排的实际效果,以及制造业实现发展与减排双赢的途径。所以本部分试图通过以上分解模型,构建适合本书研究内容的脱钩指标,并对其进行分解分析。

脱钩理论被普遍用于衡量经济增长与物质消耗投入及生态环境保护不同步变化的关系,这种不同步关系主要源自于经济增长驱动力作用下,政府基于环境成本压力的反应。其理论基础为 OECD 在 1993 年提出的驱动力(Driver)-压力(Pressure)-状态(State)-影响(Influence)-反应(Response)框架(DPSIR),其中"驱动力"是指对环境造成破坏的潜在原因,是一种经济驱动因子;"压力"是指人类活动对环境造成的直接影响,也就是直接的环境压力因子,例如本书中的碳排放量;"状态"是指环境在压力因子作用下所处的状态,如气候变化状况;"影响"是指研究样本在所处状态下对人类及社会发展的影响;"反应"是指人类为限制环境恶化实现可持续发展所做出的努力或积极政策。

在本书中,政府的减排努力是指直接或间接地导致碳排放减少的举措,该类政策或举措无疑表现为产业结构的调整、能源利用效率的提高以及能源结构的改变等(D. Diakoulaki 等,2007)。而本书分解模型中的 Δa_t 反映出制造业内部产业结构调整对碳排放的影响程度,Δe_t 则表示通过能效的改进导致的碳排放变化量,而 Δs_t 与 Δf_t 为用能结构的改进导致的碳排放变化量[①],因此政府减排努力(ΔF_t)可以间接表示为:

$$\Delta F_t = \Delta C_t - \Delta P_t = \Delta a_t + \Delta e_t + \Delta s_t + \Delta f_t \tag{3-8}$$

从上式可以看出,产出效应 ΔP_t 与政府减排努力 ΔF_t 有着负相关关系,而 ΔF_t 代表着人类为限制碳排放量而采取的积极政策,可以理解为"反应"因子。ΔP_t 为经济增长导致的碳排放量,是碳排放的经济驱动因子。ΔC_t 则为环境的直接压力因子。根据以上分析以及 DPSIR 概念模型的机理,本书在分解模型的基础上构建了如下脱钩指标及脱钩示意图:

$$D_t = -\frac{\Delta F_t}{\Delta P_t} \tag{3-9}$$

当 $D_t \geqslant 1$ 时,表示强脱钩效应;
当 $0 < D_t < 1$ 时,表示弱脱钩效应;
当 $D_t \leqslant 0$ 时,表示不存在脱钩效应。

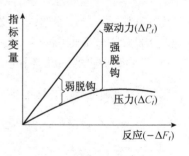

图 3-12 碳排放的脱钩状态

---

① 这里 Δf_t 间接体现为电力及热力部门的用能结构。

同时我们也可以通过脱钩指标观察各种减排举措的脱钩效应：

$$D_t = -\left(\frac{\Delta a_t}{\Delta P_t} + \frac{\Delta e_t}{\Delta P_t} + \frac{\Delta s_t}{\Delta P_t} + \frac{\Delta f_t}{\Delta P_t}\right) = -(Da_t + De_t + Ds_t + Df_t) \quad (3\text{-}10)$$

其中，Da_t 为经济结构的脱钩效应，De_t 为能源强度的脱钩效应，Ds_t 为能源结构的脱钩效应，Df_t 为排放因子的脱钩效应。

3.3.4　实证结果与分析

1. 数据的来源与处理

本部分利用以上模型，对 1995—2007 年中国制造业的碳排放进行具体的分析[①]，数据主要来自 1995—2008 年的《中国统计年鉴》、《中国能源统计年鉴》以及中经网。本书将《中国统计年鉴》与《中国能源统计年鉴》中制造业内各部门的分类进行了统一，将制造业分为 15 个部门[②]。同时鉴于数据的可得性，本书选取了 9 种能源来测度制造业的碳排放[③]，分别为煤、焦炭、原油、汽油、煤油、柴油、燃料油、天然气和电力。其中前 8 种化石能源的碳排放因子来自 IPCC（2006），具体如表 3-9 所示。

表 3-9　所用化石能源的碳排放因子　　　　　　　　　　　单位：t-C/Tj

能源	煤	焦炭	原油	汽油	煤油	柴油	燃料油	天然气
排放因子	25.8	29.2	20.0	19.1	19.6	20.2	21.1	15.3

数据来源：根据 IPCC（2006）。

电能作为二次能源，它的直接消耗并不产生碳排放，但是电能在生成的过程中会消耗其他化石能源，从而产生碳排放，而且制造业所有部门中，并不包括提供电能的部门[④]，所以为了保证研究的完整性以及严谨性，本书拟采用加权平均的方法计算电能的排放因子，具体方法是通过计算电能及热能的生产部门对不同能源的消耗比例与各自排放因子的加权平均而得，结果如表 3-10 所示。

---

①　因 2004 以及 2008 年的工业增加值数据缺失，故没有纳入研究样本。
②　该 15 个部门分别为：食品制造及烟草加工业，纺织业工业，服装皮革羽绒及其制品业，木材加工及家具制造业，造纸印刷及文教用品制造业，石油加工、炼焦及核燃料加工业，化学工业，非金属矿物制品业，金属冶炼及压延加工业，金属制品业，通用、专用设备制造业，交通运输设备制造业，电气、机械及器材制造业，通信设备、计算机及其他电子设备制造业，仪器仪表及文化办公用机械制造业。
③　因为制造业分部门的热能消耗数据缺失，本书选取的 9 种能源中没有包括热能。
④　通过对其碳排放的计算并不会产生重复计算的问题。

表 3-10   1995—2007 年电能的排放因子   单位:t-C/Tj

年份	1995	1996	1997	1998	1999	2000	2001	2002	2003	2004	2005	2006	2007
排放因子	25.5	25.5	25.4	25.5	25.5	25.5	25.5	25.6	25.6	25.5	25.6	25.6	25.6

数据来源:根据 1995—2008 年的《中国统计年鉴》《中国能源统计年鉴》以及中经网计算得出。为了显示出历年电能排放因子的差别,保留了一位小数。

从表 3-10 可以看出,电能的排放因子有着一个很明显的上升趋势,而且数值较大,说明中国主要以火力发电为主,电力部门对具有高排放因子的化石能源消耗比例增大,能源结构偏向于煤、焦炭等高排放的能源,而新能源发电的普及使用程度较低。

2. 制造业碳排放的驱动因素分析

本部分将 1995—2007 年中国制造业能源消耗导致的碳排放的变化量分解为 5 个部分:产出效应 ΔP_t,经济结构效应 Δa_t,能源强度效应 Δe_t,能源结构效应 Δs_t,排放因子效应 Δf_t。具体的分解结果如表 3-11 和图 3-13 所示。

表 3-11   1995—2007 年中国制造业碳排放变化量及分解   单位:万吨

	ΔC_t	ΔP_t	Δa_t	Δe_t	Δs_t	Δf_t
1995—1996	833.79	8 781.88	−4 846.87	−2 874.25	−245.61	18.64
1996—1997	−1 222.30	5 335.23	−1 700.71	−4 659.10	−159.20	−38.53
1997—1998	−2 442.99	723.54	−2 901.16	−183.75	−135.29	53.67
1998—1999	−565.41	7 172.22	613.89	−7 958.16	−396.48	3.11
1999—2000	455.41	7 492.28	2 654.25	−9 243.69	−451.38	3.95
2000—2001	822.03	8 042.11	−340.75	−6 901.48	21.20	0.94
2001—2002	4 060.83	11 430.65	−1 661.21	−5 871.17	157.10	5.46
2002—2003	10 278.50	16 366.26	1 755.76	−8 140.83	294.50	2.72
2005—2006	11 072.77	19 903.55	−1 949.63	−7 316.48	425.41	9.92
2006—2007	12 358.26	24 907.68	2 327.65	−15 055.50	186.11	−7.72

数据来源:根据 1995—2008 年的《中国统计年鉴》《中国能源统计年鉴》以及中经网计算得出。

通过表 3-11 以及图 3-13 可以看出,产出效应 ΔP_t 与能源强度效应 Δe_t 对制造业碳排放变化量的效应最大,其次则是经济结构效应 Δa_t。其中 ΔP_t 起着正向驱动作用,暗示着中国目前经济增长的能源需求刚性较大,强制减排必将以牺牲制造业的经济增长为代价。Δe_t 起着负向驱动作用,说明制造业部门在生产过程中提高能源利用效率将有利于较大地降低碳排放量。而 Δa_t 波动较大,这与中国处在制造业产业链的下游,受外部经济环境的影响较大有关,导致国内政策导向不明显,因此不能完全将结构效应体现出来。同时,由于中国能源结构单一以及相关低碳能源发

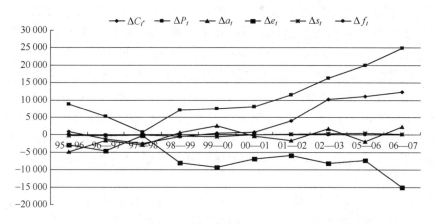

图 3-13　1995—2007 年各分解因素对中国制造业碳排放变化的影响

展缓慢的因素,能源结构效应 Δs_t 和排放因子效应 Δf_t 的表现也不是特别明显。从图 3-13 还可以看出,碳排放及其各驱动因素相对位置的变化呈现出一定的阶段性特点,所以接下来将结合中国的实际情况,以 ΔC_t 与 ΔP_t 曲线的相对位置为主线,从经济增长对碳排放需求的角度将制造业碳排放划分为以下四个阶段来进行进一步的分析:

1995—1998 年的下降阶段。该阶段 ΔC_t 呈下降趋势,能源强度效应对制造业碳排放的负向驱动作用减小,但制造业的低增长使得产出效应对碳排放起着较大的抑制作用(从 8 781.88 万吨下降为 723.54 万吨)。从这一时期的经济发展特点来看,国内正在进行国有企业产权改革,使得制造业部门的产出增速放缓,同时国家加大力度对 1995 年以前的经济过热及低水平重复建设进行了整治,并关闭了一大批高能耗、高污染、低效率的企业,这也是 Δe_t 曲线在 1997—1998 年之后开始下降的部分原因。另外,1997 年亚洲金融危机爆发,导致中国的出口需求急剧下降,从而造成了制造业部门能源消耗的急剧减少。这两方面的因素导致了制造业碳排放变化量的下降。

1998—2001 年的调整阶段。该阶段的 ΔC_t 曲线上升缓慢,而且各驱动因素趋势并不明显,表现为一定的调整态势。这一阶段主要的正向驱动因子为 ΔP_t 和 Δa_t,负向驱动因子为 Δe_t 与 Δs_t。虽然 1998—1999 年的 ΔP_t 与 Δa_t 上升较为明显,但 Δe_t 对 ΔC_t 的贡献却达到—7 958.16 万吨。这一时期制造业增长速度较为缓慢,但能源效率却得到了较大的提高,主要是因为国家科技投入的提高以及国有企业所有制结构的变化(王锋等,2010)。根据姚洋(1998)以及刘小玄(2004)的观点,非国有企业比国有企业具有更高的技术效率以及资源利用效率,所以在技术水平一定的情况下,制度因素对减少碳排放起着相当的积极作用。

2001—2003 年的上升阶段。该阶段的 ΔC_t 与 ΔP_t 都有大幅度的上升,说明中国在这一时期的经济增长中存在着较大的碳排放需求。从经济总量上来看,中国于2001年加入WTO,出口持续增加,经济开始加速增长,从而导致了生产过程中的碳排放量增加。2001—2002年的Δe_t较前一阶段有所上升,主要是因为制造业中重工业的能源强度有所增加,导致固有的节能降耗技术与产业能耗产生脱节。同时2001年以后Δs_t有了大幅度的提高,从1999—2000年的-451.28万吨上升至2002—2003年的294.59万吨,说明在能源使用中,高碳能源的使用比重加大,这也是中国目前乃至相当长的时期内必须面临的问题。虽然国家积极实施能源低碳化的战略,各种新能源的比例上升,但其增长速度缓慢,并不能满足经济发展对新能源的需求。

2003—2007年的分离阶段。该阶段的ΔP_t仍然保持高速增长,但ΔC_t的增长速度却有所下降,两者表现出了一定的分离趋势。该时期的负向驱动因子Δe_t是ΔC_t增长放缓的主要原因。Δe_t的变化中,2003—2005年基本保持不变,但在2005年以后,能源强度效应从$-7\,316.48$万吨下降为$-15\,055.50$万吨。国家在"十一五"规划纲要中确定了能源强度下降20%的目标,根据国家统计局公布的制造业产出和能源消费量的数据,可计算得出2006年与2007年制造业的能源强度相对于2005年分别下降了12.6%与26.4%,说明在这一阶段降低能源强度的政策落实情况较好,制造业的能源强度水平已经达到并超过国家规定的预计目标,同时也说明了制造业的能源强度效应对碳排放的抑制作用可能会进入瓶颈阶段,如若继续保持制造业碳排放的减缓状态,必须侧重于从能源结构以及内部经济结构调整的方向进行规划。

3. 制造业碳排放的脱钩效应分析

通过对制造业碳排放驱动因素的分析,可以发现产出效应是制造业部门碳排放的主要正向驱动因子,而脱钩指标可以用来分析产出增长与物质消耗不同步变化的实质,更能体现出经济增长与碳排放的内在要求。所以本部分通过脱钩指标来反映制造业实现发展与减排双赢的现实状况以及政府减排政策的实际效果,结果如表3-12与图3-14所示。

表3-12　1995—2007年中国制造业的碳排放脱钩效应

	D_t	Da_t	De_t	Ds_t	Df_t
95—96	0.905 1	0.551 9	0.327 3	0.028 0	$-0.002\ 1$
96—97	1.229 1	0.318 8	0.873 3	0.029 8	0.007 2
97—98	4.376 4	4.009 7	0.254 0	0.187 0	$-0.074\ 2$
98—99	1.078 8	$-0.085\ 6$	1.109 6	0.055 3	$-0.000\ 4$
99—00	0.939 2	$-0.354\ 3$	1.233 8	0.060 2	$-0.000\ 5$
00—01	0.897 8	0.042 4	0.858 2	$-0.002\ 6$	$-0.000\ 1$

续表 3-12

	D_t	Da_t	De_t	Ds_t	Df_t
01—02	0.644 7	0.145 3	0.513 6	−0.013 7	−0.000 5
02—03	0.372 0	−0.107 3	0.497 4	−0.018 0	−0.000 2
05—06	0.443 7	0.098 0	0.367 6	−0.021 4	−0.000 5
06—07	0.503 8	−0.093 5	0.604 5	−0.007 5	0.000 3

数据来源:根据 1995—2008 年的《中国统计年鉴》《中国能源统计年鉴》以及中经网计算得出。

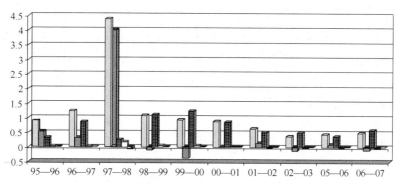

图 3-14　1995—2007 年中国制造业碳排放的脱钩效应

从表 3-12 与图 3-14 可以看出,中国制造业部门碳排放存在着一定的脱钩效应,其中 1996—1997、1997—1998 和 1998—1999 三个阶段出现了强脱钩效应,尤其是 1997—1998 年的脱钩指标值达到了 4.38,而随着重工业化程度加剧,1999 年以后均呈现弱脱钩效应。

(1)强脱钩效应分析。1996—1999 年出现强脱钩效应,表明政府的减排努力 ΔF_t 导致的碳排放减少量超过了产出效应 ΔP_t 导致的碳排放增量,说明政策因素在这一时期对碳减排的作用明显。国有企业产权改革、国内对低水平重复建设的治理、关停高能耗、高污染、低效率的"十五小"等一系列举措使得经济结构效应、能源强度效应在这一时期对碳排放的抑制作用较大,出现了碳排放的强脱钩,这也是 Da_t 与 De_t 在这一阶段表现最为明显的原因。

(2)弱脱钩效应分析。从 1997—1998 阶段以后脱钩效应逐年下降,1999—2000 年开始出现弱脱钩效应,而在 2003 年以后又出现了上升趋势。与上一阶段相比,整体的脱钩指数都在下降,明显不同的是 Da_t 在这一时期贡献较小,甚至出现了负值,说明这一时期制造业的发展主要以高消耗、高排放的产业为主,这也是中国重工业化的必经道路。从经济总量上来看,1997 年以来中国经济保持着较高的增长速度,这种高增长伴随着能源的高消费,使得 ΔP_t 持续增长,与此同时政府的各项减排政策并没有跟上经济增长的步伐,从而导致了脱钩指标值的下降。而进入 2003 年以来,国家开始关注经济增长带来的负面作用,各个层面都出台了相关的政策法规,例如 2004 年和 2005 年出台的《节能中长期专项规划》与《可再生能源法》,这些法规的执行提高了能源利用效率,增加了清洁能源和可再生能源的供应量,从而导致了脱钩效应的上升趋势。

总之,能源强度效应与经济结构效应对总的脱钩指数贡献最大,而对强脱钩以及弱脱钩起决定作用的为经济结构效应。本书认为其原因可能是近年来制造业能效水平相对提升空间较小,而能源结构又局限于以煤为主的资源现状,从而强化了经济结构效应对制造业碳排放脱钩的影响程度。这也暗示了目前中国制造业碳排放若要呈现强脱钩效应,必须对制造业内部产业结构进行一定的调整,降低高能耗、高污染、低效率产业的比例。同时在中国目前的发展阶段,政策因素对制造业碳排放脱钩效应的作用相当大,而近年来制造业部门的减排政策出现了较为明显的滞后性,明显落后于经济增长的步伐。

第四章

中国总碳排放责任研究与国际间比较

在综合分析中国低碳经济发展现状之后,本部分以国家层面为切入点,对中国总碳排放责任进行探讨。首先,通过构建多区域投入产出模型对包括中国在内的二十五个世界贸易组织成员国(包括 7 个发展中国家,18 个发达国家)2009 年的隐含碳排放进行核算,据此分析国际贸易背景下隐含碳排放转移问题;然后,基于"生产者消费者共担"视角对各国的碳排放责任从生产者和消费者两个角度进行核算,将其与"生产者负担"原则下各国的碳排放责任进行比较,并分析各国碳排放的特征和以及呈现出这些特征的原因。

4.1 研究方法介绍

本书所采用的研究方法分两个部分,首先对利用多区域投入产出模型测算国际贸易中隐含碳排放的方法进行了介绍;其次,对开放经济条件下各国的碳排放进行了分解并对两种碳排放承担原则进行了说明。

4.1.1 多区域投入产出模型构建

全球的总产出存在着如下的平衡关系:

$$X = AX + F \tag{4-1}$$

其中,X 表示全球的总产出,AX 表示用于出口的贸易量,F 表示一国生产的供本国再生产和最终消费的产量。

考虑由 n 个国家构成的区域时,(4-1)式可以重新表述为:

$$\begin{bmatrix} x^1 \\ \vdots \\ x^n \end{bmatrix} = \begin{bmatrix} a^{11} & \cdots & a^{1n} \\ \vdots & \ddots & \vdots \\ a^{n1} & \cdots & a^{nn} \end{bmatrix} \begin{bmatrix} x^1 \\ \vdots \\ x^n \end{bmatrix} + \begin{bmatrix} f_d^1 \\ \vdots \\ f_d^n \end{bmatrix} + \begin{bmatrix} f_b^1 \\ \vdots \\ f_b^n \end{bmatrix} \tag{4-2}$$

其中,x^i表示i国的总产出,$a^{ij} = x^{ij}/x^j (i \neq j)$表示$j$国单位产出需要从$i$国得到的进口量。$f_d^i$表示由国家$i$生产的供$i$国再生产和最终消费的产量,$f_b^i$表示由国家$i$出口到$n$个国家构成的区域之外的国家的产量。

假设每个国家或地区的产业可以划分成m部门,则对于单个国家而言,有:

$$x^i = \boldsymbol{C}^i x^i + f_d^i + f_b^i \tag{4-3}$$

式(4-3)给出了单区域投入产出模型。矩阵$\boldsymbol{C}^i$是国家i的直接消耗系数矩阵。

令$\boldsymbol{E}^i$为国家i各产业部门单位产值的二氧化碳排放量(tCO_2/万美元),则国家i每消耗一单位产品或者出口一单位产品的二氧化碳排放系数矩阵为$\boldsymbol{E}^i(\boldsymbol{I}-\boldsymbol{C}^i)^{-1}$,其中$(\boldsymbol{I}-\boldsymbol{C}^i)^{-1}$为完全消耗系数矩阵。

4.1.2 碳排放责任承担原则的介绍

为了测算国际贸易对各国碳排放责任影响的程度,本书采用两种隐含碳排放责任承担原则分别对各个国家的隐含碳排放责任进行核算并比较它们之间的差异。

在"生产者负担"原则下,国家i的碳排放责任为国家i地域界限之内所排放的二氧化碳造成的污染责任。令X^i表示国家i的总产出,$\boldsymbol{E}^i$为国家i各产业部门单位产值的二氧化碳排放量(tCO_2/万美元),则"生产者负担"原则下国家i的碳排放责任$\boldsymbol{R}^i$表示如下:

$$R^i = E^i X^i \tag{4-4}$$

"生产者负担"原则下一个国家的碳排放责任和该国各产业部门的单位产值的二氧化碳排放水平以及各个产业部门的产值相关,没有考虑到国际贸易中的隐含碳转移问题。

在开放经济背景下,一个国家或地区在生产商品的同时又从别的国家进口商品,还将多余的商品出口到别的国家或地区。本书首先通过图 4-1 对国家i的碳排放进行全面的分解。

图 4-1 显示,国家i通过进口中间要素和最终消费品接受其他国家对本国的隐含碳排放转移,同时通过出口中间要素和最终消费品向其他国家转移隐含碳排放。

考虑由n个国家组成的区域时,假设国家i从其他国家的进口向量为$\boldsymbol{IM}$,则$\boldsymbol{\alpha IM}$表示进口的中间要素向量,$(\boldsymbol{I}-\boldsymbol{\alpha})\boldsymbol{IM}$表示进口的最终消费品向量。$\boldsymbol{\alpha}$是一个对角线矩阵,对角线上的每一个元素$\alpha_i^r$表示从国家$r$进口的中间要素投入量占从$r$

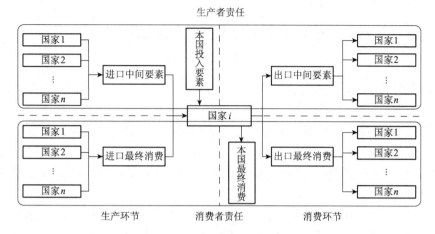

生产者责任

生产环节 消费者责任 消费环节

图 4-1 国家 i 碳排放的分解

国的进口总量(进口中间要素投入量加上进口最终消费量)的比例。

依据相同的假设,假设国家 i 向其他国家的出口量为 $\boldsymbol{EX}$,则 $\boldsymbol{\beta EX}$ 表示出口的中间要素向量,$(\boldsymbol{I}-\boldsymbol{\beta})\boldsymbol{EX}$ 表示出口的最终消费品向量。

根据多区域投入产出模型,可以将国家 i 的进口中间产品碳排放量 Q_1^i、本国直接投入碳排放量 Q_2^i、出口中间产品碳排放量 Q_3^i、进口最终消费品碳排放量 Q_4^i、本国直接消费碳排放量 Q_5^i 以及出口最终消费品碳排放量 Q_6^i 分别测算出来,测算公式分别表示如下:

$$Q_1^i = \sum_{j=1}^n \boldsymbol{E}^j\ (\boldsymbol{I}-\boldsymbol{C}^j)^{-1}\boldsymbol{\alpha}^j\boldsymbol{IM}^j,\ j \neq i \tag{4-5}$$

$$Q_2^i = \boldsymbol{E}^i\ (\boldsymbol{I}-\boldsymbol{C}^i)^{-1}DI^i \tag{4-6}$$

$$Q_3^i = \boldsymbol{E}^i\ (\boldsymbol{I}-\boldsymbol{C}^i)^{-1}\boldsymbol{\beta}^i\boldsymbol{EX}^i \tag{4-7}$$

$$Q_4^i = \sum_{j=1}^n \boldsymbol{E}^j\ (\boldsymbol{I}-\boldsymbol{C}^j)^{-1}(\boldsymbol{I}-\boldsymbol{\alpha}^j)\boldsymbol{IM}^j,\ j \neq i \tag{4-8}$$

$$Q_5^i = \boldsymbol{E}^i\ (\boldsymbol{I}-\boldsymbol{C}^i)^{-1}FC^i \tag{4-9}$$

$$Q_6^i = \boldsymbol{E}^i\ (\boldsymbol{I}-\boldsymbol{C}^i)^{-1}(\boldsymbol{I}-\boldsymbol{\beta}^i)\boldsymbol{EX}^i \tag{4-10}$$

其中,式(4-6)中 DI 表示生产过程中本国直接投入的生产要素,式(4-9)中 FC 为本国生产的供本国最终消费的产量。

根据"生产者消费者共担"原则,一国总的碳排放责任 S^i 等于它所承担的生产者责任 S_{prod}^i 和消费者责任 S_{cons}^i 之和,据此可以计算出国家 i 的生产者责任 S_{prod}^i 和消费者责任 S_{cons}^i 和总碳排放责任 S^i:

$$S^i = S_{\text{prod}}^i + S_{\text{cons}}^i = (Q_1^i+Q_2^i-Q_3^i)+(Q_4^i+Q_5^i-Q_6^i) \tag{4-11}$$

4.2 实证过程与结果分析

4.2.1 数据来源与处理

考虑到数据的可得性,本书使用的数据主要来源于世界投入产出数据库(WIOD)中的《*International Supply and Use Tables*(2009)》、经济合作与发展组织数据库中的《*OECD Members Input and Output Tables*》以及 GTAP 数据库中的《*Carbon Emission Tables*》。

由于不同数据库对产业部门的划分存在差异,本书首先根据联合国颁布的国际标准产业分类(ISIC)将部门划分口径调成一致,合并成 37 个产业部门。然后依次根据《*International Supply and Use Tables*(2009)》计算出各国各产业部门的进口中间产品投入量、本国直接中间产品投入量、出口中间产品投入量、进口最终消费品量、本国直接消费品量以及出口最终消费品量;根据《*OECD Members Input and Output Tables*》计算出各国的直接消耗系数矩阵 C 和完全消耗系数矩阵 $(I-C)^{-1}$;利用 GTAP 数据库中的《*Carbon Emission Tables*》计算出各国各产业部门单位产值的二氧化碳排放量。

4.2.2 实证结果分析

根据以上建立的多区域投入产出模型和介绍的碳排放责任承担原则以及数据的处理结果,本部分首先测算出包含中国在内的二十五个贸易组织成员国(包括 7 个发展中国家,18 个发达国家)的进口中间产品碳排放量 Q_1、本国直接投入碳排放量 Q_2、出口中间产品碳排放量 Q_3、进口最终消费品碳排放量 Q_4、本国直接消费碳排放量 Q_5、出口最终消费品碳排放量 Q_6,如表 4-1 所示。

表 4-1　二十五个贸易成员国碳排放量的分解　　　　　　单位:10^4 t

国家		Q_1	Q_2	Q_3	Q_4	Q_5	Q_6
发展中国家	中国	235.797 6	3 574.754 0	299.475 5	13.758 4	315.285 7	156.009 1
	印度	214.448 5	900.072 4	235.680 4	14.759 8	253.869 7	64.759 8
	俄罗斯	13.535 6	55.524 8	19.438 2	13.386 1	15.723 0	0.938 6
	波兰	79.153 5	61.333 9	41.946 9	14.223 1	36.931 6	25.696 0
	捷克	13.724 5	9.691 7	3.339 4	3.140 5	4.345 7	0.719 1
	爱沙尼亚	1.046 2	3.231 1	1.077 4	0.352 1	1.325 6	0.222 0
	斯洛文尼亚	3.324 8	0.255 7	0.073 1	1.109 6	0.134 3	0.029 7

续表 4-1

国家		Q_1	Q_2	Q_3	Q_4	Q_5	Q_6
发达国家	美国	323.083 9	2 235.345 0	78.017 1	280.647 7	1 565.068 0	180.469 6
	日本	154.037 0	6.948 2	0.560 7	23.118 0	3.681 4	0.153 2
	德国	273.762 0	951.390 8	176.210 6	256.369 2	592.959 8	56.369 2
	法国	149.387 4	483.380 7	78.949 8	70.169 1	248.355 3	30.169 1
	英国	399.422 7	1 369.893 0	238.255 2	329.025 7	717.373 7	164.353 0
	澳大利亚	25.826 1	734.594 3	229.831 5	10.071 4	346.699 1	10.543 3
	加拿大	53.612 6	536.384 3	190.689 5	16.141 1	295.981 5	28.265 7
	意大利	88.253 8	459.944 6	50.147 3	17.505 7	258.572 1	23.610 8
	西班牙	123.251 9	502.539 5	46.906 4	45.647 2	172.224 2	28.628 8
	葡萄牙	13.629 8	0.799 0	0.109 6	4.039 3	0.319 5	0.024 9
	希腊	13.527 5	153.582 1	30.819 7	3.888 5	121.545 9	11.845 2
	芬兰	22.407 7	65.696 5	9.443 0	12.914 2	25.319 7	3.245 0
	爱尔兰	45.430 7	18.783 6	11.194 8	7.776 6	8.274 1	5.246 0
	卢森堡	23.402 9	0.288 4	0.554 8	1.185 4	0.060 2	0.099 8
	荷兰	21.366 1	0.970 2	0.277 5	5.262 4	0.584 4	0.183 9
	比利时	58.317 4	97.413 5	45.631 2	13.105 6	36.484 8	19.352 4
	奥地利	24.378 6	57.696 5	22.680 8	6.301 7	26.839 8	6.281 9
	瑞典	25.116 6	0.550 8	0.226 2	6.430 1	0.291 9	0.083 5

数据来源：根据《*International Supply and Use Tables*（2009）》《*OECD Members Input and Output Tables*》以及《*Carbon Emission Tables*》的数据计算整理。

从生产者角度，比较表 4-1 中的进口中间产品碳排放量 Q_1 和出口中间产品碳排放量 Q_3 可以发现，中国是发展中国家中中间产品碳排放净出口最大的国家（$63.677\ 9\times10^4$ t），是印度中间产品碳排放净出口量的三倍。发达国家中澳大利亚、加拿大的中间产品碳排放净出口出现了和中国相似的特征。与之相反，美国是发达国家中中间产品碳排放净进口最大的国家（$245.067\ 0\times10^4$ t），其次是日本（$153.476\ 0\times10^4$ t）。在开放经济条件下，由于各个国家的资源禀赋和经济发展水平的差异，资源禀赋相对丰富、经济发展水平相对落后的国家倾向于向资源禀赋相对匮乏、经济发展水平相对先进的国家出口中间投入产品。中间产品的净进口国通过进口这类中间产品，避免了由本国生产这些中间产品时排放的二氧化碳责任。中间产品碳排放净出口国为其他国家提供大量中间产品的同时也承担了生产这些中间产品所排放的二氧化碳责任。根据"生产者消费者共担"原则，这部分隐含碳排放责任应当由进口国的生产者负担。

从消费者角度，比较表 4-1 中的进口最终消费品碳排放量 Q_4 和出口最终消费

品碳排放量 Q_6 发现,中国是发展中国家中最终消费品隐含碳排放净出口最大的国家(142.250 8×10⁴ t),其次是印度(50.000 0×10⁴ t)和波兰(11.472 9×10⁴ t)。与之相反,所有发达国家都是最终消费品隐含碳排放净进口国,其中德国的最终消费品隐含碳净进口量最大(200.000 0×10⁴ t),其次是英国(164.672 7×10⁴ t)、美国(100.178 1×10⁴ t)和日本(22.964 8×10⁴ t)。发达国家通过从发展中国家进口最终消费品,成功地将这部分隐含碳排放责任转移给发展中国家。像中国这样的发展中国家为发达国家生产了大量廉价的最终消费品却因此承担了这部分不属于本国的碳排放责任。根据"生产者消费者共担"原则,这部分隐含的碳排放责任应当由进口国的消费者负担。

综合以上分析,按照"生产者消费者共担"的原则,将隐含在中间产品贸易中的碳排放 Q_1 和 Q_3 归结为进口国家生产者的责任,将隐含在最终消费品中的碳排放 Q_4 和 Q_6 归结为进口国家消费者责任,本国直接投入碳排放 Q_2 归结为本国的生产者责任,本国直接消费的碳排放 Q_5 归结为本国的消费者责任,得到如式(4-11)所示的总碳排放责任 S^i。表 4-2 显示了按照"生产者消费者共担"原则对各国的碳排放责任从生产者和消费者两个角度进行核算的结果:

表 4-2　基于共担原则的各国的生产者、消费者碳排放责任① 单位:10⁴ t

国家		生产者责任	生产者责任比例%	消费者责任	消费者责任比例%
发展中国家	中国	3 511.076 1	95.300 0	173.035 0	4.700 0
	印度	878.840 6	81.170 0	203.869 8	18.830 0
	波兰	98.540 5	79.470 0	25.458 7	20.530 0
	俄罗斯	49.622 2	63.790 0	28.170 5	36.210 0
	捷克	20.076 8	74.790 0	6.767 1	25.210 0
	斯洛文尼亚	3.507 4	74.290 0	1.214 1	25.710 0
	爱沙尼亚	3.199 8	68.730 0	1.455 7	31.270 0
发达国家	美国	2 480.412 0	59.830 0	1 665.246 0	40.170 0
	英国	1 531.060 8	63.450 0	882.046 4	36.550 0
	德国	1 048.942 3	56.950 0	792.959 8	43.050 0
	西班牙	578.885 1	75.360 0	189.242 6	24.640 0
	法国	553.818 3	65.760 0	288.355 3	34.240 0
	澳大利亚	530.588 9	60.510 0	346.227 2	39.490 0
	意大利	498.051 1	66.360 0	252.467 0	33.640 0
	加拿大	399.307 4	58.450 0	283.856 8	41.550 0

① 表中数据按照生产者责任降序排列。

续表 4-2

国家		生产者责任	生产者责任比例%	消费者责任	消费者责任比例%
发达国家	日本	160.424 5	85.760 0	26.646 2	14.240 0
	希腊	136.289 0	54.540 0	113.583 0	45.460 0
	比利时	110.099 7	78.450 0	30.238 0	21.550 0
	芬兰	78.661 3	69.210 0	34.988 9	30.790 0
	奥地利	59.394 2	68.860 0	26.859 7	31.140 0
	爱尔兰	53.019 5	83.070 0	10.804 7	16.930 0
	瑞典	25.441 2	79.310 0	6.638 6	20.690 0
	卢森堡	23.136 5	95.280 0	1.145 7	4.720 0
	荷兰	22.058 8	79.570 0	5.662 9	20.430 0
	葡萄牙	14.319 2	76.770 0	4.333 9	23.230 0

数据来源:根据《*International Supply and Use Tables*(2009)》《*OECD Members Input and Output Tables*》《*Carbon Emission Tables*》计算整理。

　　根据表 4-2 的测算结果,本部分分别从生产者责任和消费者责任两个角度,将二十五个国家的碳排放责任进行横向比较。比较各国的生产者责任发现,中国是发展中国家中生产者责任最大的国家($3\,511.076\,1\times10^4$ t),是印度的生产者责任的 1.3 倍,比发达国家中生产者责任最大的美国高出 $1\,030.664\,1\times10^4$ t。比较各国消费者责任发现,中国仅次于印度成为发展中国家中消费者责任第二的国家(173.035×10^4 t),但是中国的消费者责任只有美国消费者责任的十分之一。进一步分析发展中国家和发达国家各自的生产者责任和消费者责任比例发现,发展中国家中生产者责任与消费者责任的比例中国为 20.3,印度为 4.3;而发达国家该比例美国为 1.5,英国为 1.7,德国为 1.3。发展中国家尤其是中国的生产者责任明显高于消费者责任,而发达国家的生产者责任和消费者责任之间的差距却不是很大。发展中国家和发达国家生产者责任和消费者责任比例的不同使得中国的生产者责任占总责任的比例高达 95.30%,而消费者责任占总责任的比例只有 4.70%。与中国进行比较可以发现美国的生产者责任占总责任的比例(59.83%)相对较低,消费者责任占总责任的比例(40.17%)相对较高。中国的生产者责任远高于消费者责任的原因可以从中国的生产特征、消费特征以及贸易结构三个方面进行分析:首先,中国正处在快速工业化阶段,国内大量的基础设施建设和工业化发展对中间产品的需求较高,同时中国的生产方式比较粗放,所以中国在生产过程排放了大量的二氧化碳;其次,虽然中国人民的生活水平正在快速提高,但是相对于美国这样的发达国家,中国对消费的需求依然处于较低水平,所以中国在消费过程中的碳排放水平较低;最后,中国较高的生产能力和较低的消费水平使得中国的贸易结构呈现出进口大量的中间产品、出口大量的最终消费品的特征,这种贸易结构导致了中国的生产者责任和消费者责任之间的差距被进一步拉大。

为了进一步分析"生产者消费者共担"原则给各国碳排放责任带来的影响,本书依据"生产者承担"原则和"生产者消费者共担"原则对各国的碳排放责任进行核算,并计算了两种责任分担方案下各国碳排放责任的差异,如表 4-3 所示。

表 4-3　两种责任承担原则下各国碳排放责任的比较①　　单位:10^4 t

国家		"生产者承担"原则	"共同承担"原则	差异
发展中国家	中国	4 281.846 0	3 811.466 5	−470.379 5
	印度	1 454.382 3	1 082.710 3	−371.672 0
	波兰	165.908 4	123.999 2	−41.909 2
	俄罗斯	91.624 6	77.792 7	−13.831 9
	捷克	18.095 9	26.844 0	8.748 1
	爱沙尼亚	5.856 1	4.655 6	−1.200 5
	斯洛文尼亚	0.492 8	4.721 5	4.228 7
发达国家	美国	4 058.899 9	4 145.658 1	86.758 2
	英国	2 489.875 2	2 413.107 2	−76.768 0
	德国	1 776.930 4	1 841.902 1	64.971 7
	澳大利亚	1 321.668 2	876.816 1	−444.852 1
	加拿大	1 051.321 0	683.164 2	−368.156 8
	法国	840.854 9	842.173 6	1.318 7
	意大利	792.274 8	750.518 2	−41.756 6
	西班牙	750.298 9	768.127 7	17.828 8
	希腊	317.792 9	249.879 1	−67.913 8
	比利时	198.881 9	140.337 7	−58.544 2
	奥地利	113.499 0	86.253 9	−27.245 1
	芬兰	103.704 1	113.650 1	9.946 0
	爱尔兰	43.498 5	63.824 2	20.325 7
	日本	11.343 5	187.070 7	175.727 2
	荷兰	2.016 0	27.721 7	25.705 7
	葡萄牙	1.253 1	18.653 1	17.400 0
	瑞典	1.152 4	32.079 8	30.927 4
	卢森堡	1.003 2	24.282 2	23.279 0

数据来源:根据《*International Supply and Use Tables*（2009）》《*OECD Members Input and Output Tables*》《*Carbon Emission Tables*》计算整理。

———————————

① 表中数据按照"生产者承担"原则各国的碳排放责任降序排列。

对表 4-3 中的数据分析发现,"生产者承担"原则下,碳排放责任最大的国家是中国($4\,281.846\times10^4$ t),其次是美国($4\,058.900\times10^4$ t)、英国($2\,489.875\times10^4$ t)、德国($1\,776.930\times10^4$ t)和印度($1\,454.382\times10^4$ t)。而在"生产者消费者共担"原则下,碳排放责任最大的国家是美国($4\,145.658\times10^4$ t),其次是中国($3\,811.467\times10^4$ t)、英国($2\,413.107\times10^4$ t)和印度($1\,082.710\times10^4$ t)。"生产者消费者共担"原则将国际贸易中的隐含碳排放纳入核算内容,对各国的碳排放责任重新进行了核算,有效地解决了隐含碳排放的责任归属问题,对各国碳排放责任的界定更加科学合理。

共担原则下中国和澳大利亚分别是碳排放责任减少幅度最大的发展中国家和发达国家(中国减少 470.379×10^4 t,澳大利亚减少 444.852×10^4 t)。进一步分析发现不仅中国的碳排放责任减少幅度比澳大利亚高,而且两国的碳排放责任减少的具体原因也不相同。中国凭借自身独特的生产优势成为世界商品生产和加工的基地,出口产品以最终消费品为主,因此中国通过出口最终消费品转移的碳排放水平 Q_6 很高(156.009×10^4 t,占本国最终消费品总排放的 33.1%)。澳大利亚凭借本国丰富的资源禀赋出口大量的中间产品,因此隐含在出口的中间产品中的碳排放转移水平 Q_3 较高(229.832×10^4 t,占总中间产品碳排放量的 23.8%)。在共担原则下中国和澳大利亚分别通过最终消费碳排放的净出口和中间产品的净出口实现了碳排放责任的大幅减少。

与中国和澳大利亚的碳排放责任变动幅度相反,共担原则下日本和美国出现了碳排放责任的大幅度增加(日本增加 175.727×10^4 t,美国增加 86.758×10^4 t)。通过比较表 4-3 中的数据发现,碳排放责任的大幅度增加只出现在发达国家中。将这些发达国家分成两类来进一步分析它们碳排放责任增加的具体原因:第一类是像日本这样的资源禀赋比较匮乏的发达国家,这些国家的经济发展需要进口大量的中间产品,因此隐含在进口中间产品中的碳排放量 Q_1 使得它们的碳排放责任大幅度增加(日本进口中间产品中的碳排放量 Q_1 为本国直接要素投入碳排放量 Q_2 的约 22 倍);第二类是类似于美国这样的发达国家,这些国家的国内消费需求很高,需要进口大量的最终消费品,隐含在进口最终消费品中的碳排放量 Q_4 使得它们的碳排放责任大幅度增加(美国进口最终消费碳排放量 Q_4 占本国消费者责任 S_{cons} 的 16.8%)。

资源禀赋状况、经济发展阶段以及贸易结构特征是导致中国的碳排放责任呈现上述特征的主要原因。从资源禀赋角度来看,中国的能源具有种类过于单一、分布及其不均匀等特点。中国的能源总量比较丰富,但是主要以化石能源为主,并且化石能源中碳排放系数最高的煤炭占主导地位。2006 年,中国煤炭保有资源量为10 345 亿吨,列世界第三位。然而中国可再生能源资源,如水电、光伏等产业有待进一步发展,探明的石油、天然气资源储量却相对不足。同时中国的能源资源分布极其不均衡,煤炭资源主要分布在华北、西北地区,水力资源主要分布在东南、西南地区,这种能源分布与中国东南沿海城市以及西南重工业城市对能源的大量需求不相匹配。这种资源禀赋特征导致了中国工业生产过程中煤炭等化石能源的大量投入使用,从而使得中国的碳排放量一直居高不下。从经济发展阶段来看,中国目前正处于快速工业化阶段,工业化的快速发展和基础设施的广泛建设需要消耗大量的能源。1980—2006年以来,中国的能源消费一直以年均5.6%的速度增长。仅2006年,中国就消耗了24.6亿吨标准煤。同时,由于科学技术等方面的限制,例如对化石能源脱硫、分解等技术的不成熟,造成了中国能源使用效率相对较低,温室气体和有害气体的排放系数较高。目前的经济发展阶段导致了中国的经济发展具有高能源投入、高碳排放、高环境污染以及低产品产出,即“三高一低”的粗放式经济发展特征。从贸易结构角度来看,中国的对外贸易结构具有贸易规模继续增长、贸易顺差依然巨大、进出口产品两极分化等特征。2011年中国的进出口贸易总额达到23.64万亿元,增长17.2%。不断增长的贸易规模拉动了国内生产和消费,促进中国经济增长的同时也导致了中国对大量化石能源的投入使用。2007—2011年中国的贸易顺差平均为1.54万亿元。巨额的贸易顺差说明中国生产的产品中相当规模的部分出口到国外,国际上对中国产品的需求是造成中国碳排放量居高不下的重要因素之一。对进出口产品的类别进行分析可以发现,中国出口的产品以劳动密集型和资源密集型的初级加工品为主,进口的产品以资本密集型和知识密集型的深加工产品为主,这种进出口产品类别的两极分化造成了中国碳排放的净出口现象。

4.3 研 究 结 论

本部分通过构建多区域投入产出模型对二十五个贸易组织成员国的进口隐含碳排放量、出口隐含碳排放量以及本国直接经济活动导致的碳排放量从生产者和消费者两个角度进行了全面的核算。在此基础上,本书通过共担原则下各国碳排放责任的构成、两种隐含碳责任负担原则下各国碳排放责任的比较,进一步分析了各国隐含碳排放的转移特征和水平以及各国碳排放责任的大小。研究结果表明,在开放经济条件下,各国的碳排放呈现出不同的特征,共担原则对各国碳排放责任的界定更加公平和有效;中国是生产者责任最大的发展中国家,比美国的生产者责任高出 $1\,030.664 \times 10^4$ t。中国仅次于印度成为消费者责任第二的发展中国家,但是中国的消费者责任只有美国消费者责任的十分之一。中国的生产者责任占总责任的比例高达95.30%,而消费者责任占总责任的比例只有4.70%。“生产者承担"原则下,中国是碳排放责任最大的国家,而在共担原则下中国的碳排放责任出现了大幅度地减少,日本和美国的碳排放责任却出现了大幅度的增加。资源禀赋状况、经济发展阶段以及贸易结构特征是导致中国的碳排放责任呈现上述特征的主要原因。

第五章

中国各地区的碳排放责任研究

鉴于中国各区域发展不平衡的基本国情,要实现高效碳减排,需要兼顾全国碳减排目标和区域格局变化。本部分从区域角度出发,对中国区域碳减排责任和行业碳减排责任的区域差异进行实证研究,并在此基础上探讨区域碳减排绩效与潜力,以便制定出更具有针对性和操作性的碳减排目标和相关政策。

5.1 中国区域碳减排责任的实证研究

针对国内区域间贸易产生的"碳泄漏"问题,本部分依据生产者和消费者共担责任原则,分析了中国各区域的碳减排责任和分行业的区域碳减排责任的差异。

5.1.1 区域碳减排责任的模型构建与数据处理

1. 模型构建

多区域投入产出模型(Multi-regional input-output,MRIO)的基本形式为:

$$X \doteq C \cdot AX + C \cdot F + E - M \tag{5-1}$$

其中,X 为总产出,F 为各区域的最终需求,E 和 M 分别为各区域的出口和进口量,A 为区域直接消耗系数矩阵,C 为区域间贸易系数(Interregional Trade Coefficients)矩阵,由对角矩阵 C^{RS} 组成,其对角线上的元素为区域 R 流出到区域 S 的 i 产业产品占区域 S 该产业全部产品流入的比例:$c_i^{RS} = \dfrac{t_i^{RS}}{\sum\limits_{R} t_i^{RS}}$,其中 t_i^{RS} 即为式(5-1)中利用引力模型计算出的区域间产品贸易量。

实际中,为了避免进口的影响,需要将进口部分 M 按比例从中间需求和最终需求中扣除。式(5-1)可变换为:

$$X+M = C \cdot AX + C \cdot F + E \qquad (5\text{-}2)$$

$$M = \frac{M}{X+M}C \cdot AX + \frac{M}{X+M}C \cdot F + \frac{M}{X+M}E \qquad (5\text{-}3)$$

$\theta = 1 - \dfrac{M}{X+M}$，并将式(5-3)代入式(5-1)得到：

$$X = \theta \sharp (C \cdot AX + C \cdot F + E) \qquad (5\text{-}4)$$

基于"生产者和消费者共同承担"原则，将中间需求 AX 和最终需求 F 各自分解成两个部分，分别分配给消费者和生产者，式(5-4)变换为：

$$X = \theta \underbrace{\sharp(1-\alpha)\sharp C \cdot AX + \theta\sharp(1-\beta)\sharp C \cdot F + \theta\sharp(1-\beta)\sharp E}_{\text{上游生产者保留}}$$

$$+ \underbrace{\theta\sharp\alpha\sharp C \cdot AX}_{\text{转移给下游生产者}} \qquad (5\text{-}5)$$

$$+ \underbrace{\theta\sharp\beta\sharp C \cdot F + \theta\sharp\beta\sharp E}_{\text{转移给下游消费者}}$$

式(5-5)中，参数 α 代表生产者碳减排责任的份额，β 代表消费者碳减排责任的份额，符号"$\sharp$"代表点乘，参数 α 和 β 在 0 和 1 之间。在生产和消费过程中，产业部门 i 将份额 α_{ij} 传递给下游生产者，将份额 β_i 传递给下游消费者，剩余的隐含碳排放则被保留在产业部门内部，成为该产业部门 i 作为生产者应当承担的碳排放责任，所保留的生产者责任份额为 $1-\alpha_{ij}$ 和 $1-\beta_i$，而向最终消费部门转移的隐含碳排放份额为 β_i，即为部门 i 应当承担的消费者碳减排责任，$1-\alpha_{ij}^r = 1-\beta_i^r = \dfrac{V_i^r}{X_i^r - Z_{ii}^r}$，$Z_{ii}^r = C_i^{rr}A^rX_{ii}^r$，其中，$V_i^r$ 为区域 r 内产业 i 的增加值，$X_i^r - Z_{ii}^r$ 为产业 i 的总产出减去产业内部交易，即区域 r 中产业 i 的外部总投入量。因此，设 e 为碳排放强度，总碳减排责任 E 如式(5-6)所示：

$$\begin{aligned} E = eX &= e[1-\theta\alpha\sharp CA]^{-1} \cdot \theta\sharp[(1-\alpha)\sharp C \cdot AX + (1-\beta)\sharp C \cdot F + \\ &\quad (1-\beta)\sharp E + \beta\sharp C \cdot F + \beta\sharp E] \\ &= eL^{(a)} \cdot \theta\sharp[(1-\alpha)\sharp C \cdot AX + (1-\beta)\sharp C \cdot F + \\ &\quad (1-\beta)\sharp E + \beta\sharp C \cdot F + \beta\sharp E] \end{aligned}$$

$$(5\text{-}6)$$

总碳减排责任 E 可进一步分解为生产者碳减排责任 E^P 和消费者碳减排责任 E^C：

$$E^P = eL^{(a)} \cdot \theta\sharp[(1-\alpha)\sharp C \cdot AX + (1-\beta)\sharp C \cdot F + (1-\beta)\sharp E] \quad (5\text{-}7)$$

$$E^C = eL^{(a)} \cdot \theta \# [\beta \# C \cdot F + \beta \# E] \qquad (5-8)$$

2. 数据的来源与处理

目前国家发布的最新区域间投入产出表为国家信息中心(2005)的中国 1997 年区域间投入产出表,本书引用李善同(2010)的数据,参照中国 1997 年区域间投入产出表的研制方法和区域划分方式,编制出 2002 年 8 区域 17 个部门的中国区域间投入产出表。主要编制过程如下:

(1) 计算区域间直接消耗系数矩阵。为与 1997 年区域间投入产出表统计口径一致,根据李善同(2010)给出的中国 30 个省份(不包括西藏)的 42 部门投入产出表,先将 42 个部门合并为 17 个部门,再把 30 个省份合并为八大区域,得到 8 大区域 17 部门的中间流量数据,分别求得各区域直接消耗系数矩阵,组合成区域间直接消耗系数矩阵;

(2) 估算区域间贸易系数矩阵。将李善同(2010)给出的 42 部门省际间调入调出矩阵处理成 17 个部门的分部门产品省际间流动矩阵,依据每个区域任一部门产品对两个区域流量的合计必然与该部门产出相等,估算出分部门产品在本省的流量,继续合并为产品八大区域间流动矩阵,从而计算得出区域间贸易系数矩阵。

相关数据来源主要为中国 1997 年和 2002 年区域间投入产出表、中国能源统计年鉴、新中国五十年统计资料汇编以及中国统计年鉴。本部分在传统的政府区域划分的基础上,着重各省、市产业结构的相似性、经济发展水平以及地域关系等因素将全国划分为八大区域①,将产业划分为 17 个部门②。

---

① 八大区域为:东北区域:黑龙江、吉林和辽宁;京津区域:北京和天津;北部沿海区域:河北和山东;东部沿海区域:江苏、上海和浙江;南部沿海区域:福建、广东和海南;中部区域:山西、河南、安徽、湖北、湖南和江西;西北区域:内蒙古、陕西、宁夏、甘肃、青海和新疆;西南区域:四川、重庆、广西、云南、贵州。与国家信息中心发布的《中国 1997 年区域间投入产出表》的区域划分保持一致,按照经济区域划分的基本原则,具体的区域划分方法如下:以东、中、西三大地带和从北到南六大经济区的划分为基础,东部地带工业基础较雄厚、相邻省、市间有较深的历史和经济联系,可从北到南划分为北部沿海、东部沿海和南部沿海区域。此外,对比北部沿海 4 省、市的人均 GDP 发现,北京、天津与河北、山东的经济发展水平存在较大的差异,将它们划分在同一个区域将会对区域经济分析产生偏差,因此,可进一步将这 4 个省、市划分为京津区域和北部沿海区域,这样的划分也有利于分析京津两大都市与其他区域的联系(国家信息中心,2005)。

② 17 个产业部门包括:农业、采选业、纺织服装业、食品制造及烟草加工业、造纸印刷及文教用品制造业、木材加工及家具制造业、石油加工与化学工业、非金属矿物制品业、金属冶炼及制品业、机械工业、交通运输设备制造业、电气机械及电子通信设备制造业、其他制造业、电力蒸汽热水及煤气自来水生产供应业、建筑业、商业与运输业以及其他服务业。

5.1.2　中国区域碳减排责任的测算与分析

基于区域碳减排责任的计算公式,利用相关数据分别测算得到 1997 年和 2002 年八大区域碳减排责任,具体计算结果如表 5-1 所示。需要说明的是,在计算各个区域的碳直接排放量时,主要从《中国能源统计年鉴》获得分地区的能源消费总量,此外结合《2050 中国能源和碳排放报告》中的能耗及碳排放数据进行了调整(以下简称报告),如能源统计年鉴中 1997 年重庆地区的能源消费总量缺失,参考报告中中国 1997 年能源消费总量为 138 173 万吨标准煤,将 1997 年重庆地区的能源消费总量补充为 3 176 万吨标准煤,将分地区的能源消费总量乘以标准煤的碳排放系数可以计算出各地区的碳直接排放量,此外,由于各区域分行业的能源消费数据缺失,区域各行业的碳排放强度暂采用区域平均水平。而某地区内某行业的碳间接排放量为其他地区和部门对该行业的隐含碳排放,碳直接排放量和碳间接排放量共同构成碳减排责任。

表 5-1　中国八大区域碳减排责任　　　　　　　　单位:10^4 t

区域	1997 年			2002 年		
	生产者责任	消费者责任	总碳减排责任	生产者责任	消费者责任	总碳减排责任
东北	72 371.48	46 140.58	118 512.06	83 201.83	45 460.62	128 662.45
京津	26 112.8	16 168.06	42 280.86	33 317.97	20 409.00	53 726.97
北部沿海	75 970.85	37 652.46	113 623.3	91 727.120	53 146.03	144 873.15
东部沿海	74 287.53	51 309.31	125 596.84	105 395.10	67 558.04	172 953.14
南部沿海	36 152.21	27 774.13	63 926.34	65 942.55	55 294.12	121 236.67
中部	105 312.53	51 890.05	157 202.58	101 736.19	109 546.42	211 282.61
西北	51 141.83	28 106.65	79 248.47	62 387.34	30 512.36	92 899.70
西南	71 151.61	45 164.92	116 316.53	77 991.58	94 854.17	172 845.75
合计	512 500.84	304 206.14	816 706.98	621 699.69	476 780.75	1 098 480.44

数据来源:根据《中国 1997 年区域间投入产出表》《中国能源统计年鉴》《2002 年中国地区扩展投入产出表:编制与应用》计算整理而成。

对比 1997 年和 2002 年的计算结果,可以发现:

(1)中国部分区域碳减排责任和碳直接排放量存在不一致现象,与碳直接排放量相比,总体表现出南部、东部的碳减排责任偏大,西部、北部偏小的特征。横向对比 2002 年八大区域的碳减排责任和碳直接排放占全国的比重,可以发现:(a)东部沿海、南部沿海、西南、京津地区的碳减排责任皆大于碳直接排放的比重,如东部沿海碳直接排放量占全国的 13.86%,碳减排责任则增加至 15.74%,南部沿海和西南的碳减排总责任占全国总责任的百分比也较碳直接排放量大约上升了两个百分点,京津区域略有上升。可见,东部、南部区域是沿海制造业大省、经济强省所在区域,其本身的能源禀赋并不高,多数不直接生产碳排放量较大的能源初级产品,而是从其他区域调入初级产品进行生产和消费,这一部分的碳间接排放量在碳减排责任中被体现了出来;(b)中部、西北、东北、北部沿海地区的碳减排责任皆小于碳直接排放的比重,比重差依次为-3.33%、-1.93%、-0.86%、-0.39%。中部和北部沿海地区由于人口众多,资源禀赋较高或是拥有较多大型生产集团等因素,能源直接消耗量较大,碳直接排放量居于全国前列,其大量生产的初级产品多数被其他区域消费,产生的碳减排责任部分由其他区域承担,西南地区的区域内贸易并不发达,影响了其承担的碳减排责任,多种因素综合表现为这四大区域的碳减排责任的全国比重低于碳直接排放量。由此可以看出,与碳直接排放量相比,碳减排责任能更全面准确地测算各个区域的碳排放量。

(2)从纵向的角度来看,碳间接排放量的存在促使碳减排责任和碳直接排放量的增长速度出现偏离,如图 5-1 所示。1997—2002 年中国二氧化碳直接排放量由 335 140.84 万吨上升至 393 701.93 万吨,增长 17.47%,而碳减排责任的增长率几乎是碳直接排放量的两倍。东北、京津的碳减排责任和碳直接排放量的增长率都处于全国平均水平之下,东部沿海和南部沿海的情况正好相反,其碳减排责任和碳直接排放量的增长率皆高于全国平均增长率。两者变动存在不一致现象的有北部沿海、西北和西南区域,1997—2002 年的碳直接排放和碳减排责任的变动方向相反。

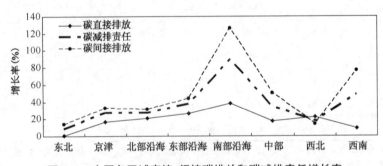

图 5-1　中国各区域直接、间接碳排放和碳减排责任增长率

(3)就生产者碳减排责任来看,仅从生产者责任的总量分析,1997 年生产者责任居于全国之首的是中部区域,其次是北部沿海和东部沿海区域,京津和南部沿海区域所承担的生产者责任最少。而 2002 年中国八大区域中生产者责任最大的是东部沿海,中部、北部沿海次之,最少的是京津、西北和南部沿海区域;其次,分析区域生产者责任占全国总生产者责任的比例,1997—2002 年间,沿海区域的生产者责任全国占比增加幅度较大,尤其是东部沿海和南部沿海区域由于改革开放的深

入,生产者责任全国占比大幅度增长,东部沿海区域增加了 2.46%,南部沿海则上升 3.55%,京津区域小幅度上升,而中部区域下降了 4.18%,下降幅度最大,东北、北部沿海和西北区域略有下降。由此看出,生产者碳减排责任的大小与区域的经济总量密切相关,高产出导致生产和消费过程中产生大量的隐含碳排放,中部和东部沿海的经济总量最大,2002 年 GDP 均超过了 2 万亿元,分别占全国 GDP 总额的20.20% 和 19.93%,其生产者碳减排责任总量也位列全国前三;东部沿海、南部沿海和京津区域的人均 GDP 高于或接近 15 000 元,拉动生产的潜力较大,生产者碳减排责任的全国比重趋于上升态势,如图 5-2 所示。

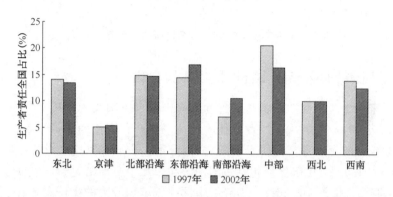

图 5-2　1997 年和 2002 年中国各区域生产者责任全国占比

　　(4) 就消费者碳减排责任来说,1997 年中部区域所应当承担的消费者碳减排责任最大,为 51 890.05 万吨,其次是东部沿海和东北地区。至 2002 年,中部区域的消费者碳减排责任依然居首位,为 109 546.42 万吨,西南区域的消费者责任则跃居全国第二,东部沿海略小;其次,依据区域消费者碳减排责任占全国总消费者碳减排责任的比例变化来分析 1997—2002 年区域消费者碳减排责任的变化,从图 5-3 可以发现,东部和北部地区的消费者责任全国占比下降,中部、南部区域趋于上升态势。中部区域 1997 年消费者碳减排责任全国占比为 17.06%,2002 年上升为 22.98%,增加 5.92%,增加幅度最大。西南区域 1997—2002 年这一比例大约提升 5 个百分点,南部沿海则是增加了 2.47%,位居第三,其余 5 大区域的消费者责任全国占比都呈下降趋势,其中东北区域下降幅度最大,为 5.63%。区域消费者碳减排责任的分析结果表明,产业结构可能对消费者碳减排责任产生较大的影响。中部地区和西南地区以农业为主导,东部沿海地区是制造业的重要基地,这些区域承担了较多的消费者碳减排责任。此外,中部地区不仅是沿海地区初级产品和西部深加工产品的主要供应地,也对其他区域带来较大的中间需求和最终需求,这些因素导致中部地区的消费者碳减排责任排在全国首位,如图 5-3 所示。

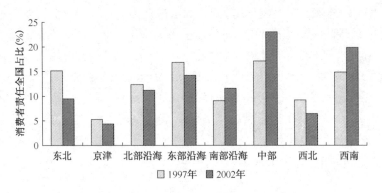

图 5-3　1997 年和 2002 年中国各区域消费者责任全国占比

5.1.3　中国行业碳减排责任的区域差异分析

接下来从生产者和消费者两重角度进一步探讨中国八大区域 17 个行业碳排放责任。从各行业的区域生产者责任占行业总生产者责任的比重来看,中部区域农业和采选业的生产者责任居于全国之首,分别占农业和采选业总生产者责任的 28.19% 和 21.99%,中部区域包括黄河中游和长江中游地带是中国农业生产的重要区域,其产出占全国的 26.82%,导致中部区域承担较大的生产者责任。西南地区以总量 14 154.29 万吨的农业生产者责任排在中部区域之后。在工业方面,东部沿海区域的工业生产者责任最大,占工业总生产者责任的 11.42%,东部沿海的工业已经形成集聚效应,产出大约占全国的 20%,高能耗的生产方式使碳排放量随之增长,而北部沿海和中部区域的工业生产者责任紧随其后。此外,因中部具有特殊的地缘优势,是区域间商品流通的枢纽,所以中部区域的商业、运输业行业的生产者责任所占总行业生产者责任的比例为 15.77%,排在全国首位。南部沿海和中部由于人口众多,对日常的电力蒸气热水、煤气自来水的巨大供应量使其生产者责任在全国总行业的比例分别高达 22.24% 和 14.13%。东部沿海区域的服务业产出居于全国之首,为 21.28%,其服务业的生产者责任最大,总量为 21 767.10 万吨,比重为 16.07%,如表 5-2 所示。

表 5-2　2002 年中国各行业的区域生产者责任　　　　　单位:10^4 t

区域	东北	京津	北沿	东沿	南沿	中部	西北	西南
农业	8 907.45	765.58	10 843.46	5 896.42	4 391.62	21 126.93	8 871.13	14 154.29
采选业	6 164.35	713.56	5 492.60	503.45	1 562.40	6 222.91	5121.59	2 514.51
食品制造及烟草加工业	3 489.17	680.56	7 969.11	3 407.52	1 936.33	6 286.13	1 943.51	5 304.84
纺织服装业	1 101.31	486.68	3 640.52	10 135.45	3 659.15	3 564.05	708.02	575.20

续表 5-2

区域	东北	京津	北沿	东沿	南沿	中部	西北	西南
木材加工及家具制造业	823.47	123.66	499.47	850.31	1 153.43	1 402.20	213.95	531.81
造纸印刷及文教用品制造业	921.71	358.88	2 308.40	2 821.92	1 933.37	1 940.18	800.89	1 421.35
化学工业	9 120.85	3 096.89	10 264.85	13 676.31	5 328.40	7 863.94	5 353.77	4 663.32
非金属矿物制品业	2 772.99	488.06	3 334.15	2 130.70	1 363.26	5 377.36	1 741.79	2 356.52
金属冶炼及制品业	5 369.99	1 680.29	5 297.11	7 130.94	2 735.76	5 807.52	3 108.42	4 207.56
机械工业	3 112.57	651.91	3 162.56	4 669.63	976.44	2 409.09	1 107.05	1 267.73
交通运输设备制造业	3 728.76	919.16	1 760.01	3 867.69	1 088.32	2 159.62	1 028.51	3 099.44
电气机械及电子通信设备制造业	2 138.43	3 675.88	2 729.33	9 132.81	8 743.49	1 426.76	1 297.73	1 301.36
其他制造业	550.65	165.49	848.96	1 406.97	1 098.67	1 842.31	250.46	534.65
电力蒸气热水、煤气自来水生产供应业	3 199.82	564.68	2 712.23	3 716.24	5 947.07	3 778.21	3 591.05	3 233.14
建筑业	2 891.36	976.63	3 554.05	3 627.08	2 288.68	3 617.05	3 733.61	4 022.75
商业、运输业	11 017.89	4 335.27	10 675.97	10 654.58	6 257.18	11 378.88	8 447.27	9 371.16
其他服务业	17 891.07	13 634.79	16 634.34	21 767.10	15 479.00	15 533.08	15 068.58	19 431.94

数据来源：根据《2003 中国能源统计年鉴》《2002 年中国地区扩展投入产出表：编制与应用》计算整理而成。

从消费者责任的角度来分析可以发现，与行业生产者责任相比，各行业的消费者碳减排责任集聚特征更加明显，主要集中于沿海区域、中部和西南地区。西南地区在建筑业、商业运输业和其他服务业这三个行业所承担的消费者责任皆为全国第一，总量分别为 23 341.49 万吨、11 597.48 万吨和 29 562.79 万吨，这主要是因为西南区域通常居于产业链的末端，与最终消费者的产业链距离比较近甚至成为最终消费者，承担的消费者责任较大。沿海区域的消费者碳减排责任承担的较多，主要是国内需求和出口拉动的产品生产所致，其中东部沿海区域承担的消费者责任集中于工业部门，因国内其他区域对东部沿海的制造业产品需求量较大，东部沿海工业部门产生的大量隐含碳排放随着产业链层层转移至最终消费者，其消费者责任也大幅增加。中部区域应承担的农业部门消费者责任在全国居于首位，农业消费者责任的行业比重为 35.89%，虽然其工业发展相对薄弱，但在很多工业细分部门中部地区的消费者责任却超过了东部沿海区域，如木材加工及家具制造业等，究其原因主要是东部经济的快速发展产生了对能源、钢铁等基础原材料的大量需求，国家也加强了中部地区的资源开发和相关基础产业的发展，中部地区成为了沿海地区的能源和原材料的重要供应地，其在生产和消费过程中的参与度提高，且工业的基础产业所产生的碳排放量较大,所以中部地区的工业部门的消费者碳减排责任仅次于东部沿海,具体如表 5-3 所示。

表 5-3　2002 年中国各行业的区域消费者责任　　　　单位:10⁴ t

区域	东北	京津	北沿	东沿	南沿	中部	西北	西南
农业	2 811.06	366.27	3 130.81	1 484.19	18.30	7 340.64	2 256.96	3 044.95
采选业	841.83	83.29	1 546.59	219.11	1 943.81	2 463.66	910.93	1 252.41
食品制造及烟草加工业	4 098.91	791.05	7 932.00	3 692.28	2 028.04	9 442.37	2 790.74	4 729.41
纺织服装业	1 462.89	550.38	4 042.23	8 689.18	3 906.12	3 728.94	975.87	906.88
木材加工及家具制造业	553.83	135.84	371.73	1 017.20	925.41	1 705.70	157.62	697.17
造纸印刷及文教用品制造业	400.36	274.11	1 204.59	1 432.51	1 219.88	1 490.30	312.95	968.96
化学工业	4 276.69	1 235.61	4 493.07	5 766.70	3 888.09	5 907.54	2 463.16	2 929.85
非金属矿物制品业	1 894.84	104.84	2 395.53	2 042.39	1 843.25	4 999.58	1 169.83	3 574.41
金属冶炼及制品业	3 005.55	743.62	3 404.79	4 853.58	2 354.02	6 453.36	1 961.10	4 213.12
机械工业	2 610.11	656.40	4 176.78	5 210.60	1 396.71	4 545.34	1 186.67	1 898.38
交通运输设备制造业	2 984.35	464.23	1 607.32	3 349.30	1 589.79	3 811.61	640.17	2 504.74
电气机械及电子通信设备制造业	1 947.70	3 266.27	3 094.28	9 115.84	7 713.98	3 318.62	1 210.14	2 058.80
其他制造业	158.29	56.90	478.07	742.46	859.60	953.07	154.45	208.35
电力蒸气热水、煤气自来水生产供应业	712.90	166.49	618.48	945.72	13 038.95	2 812.33	664.89	1 364.97
建筑业	6 809.21	3 525.11	7 819.02	9 294.64	4 658.93	16 094.63	6 281.36	23 341.49
商业、运输业	3 894.57	1 831.11	3 140.10	3 014.26	928.60	10 146.42	3 003.27	11 597.48
其他服务业	6 997.56	6 157.47	3 690.65	6 688.08	6 980.64	24 332.30	4 372.25	29 562.79

数据来源:由《2003 中国能源统计年鉴》《2002 年中国地区扩展投入产出表:编制与应用》计算整理而成。

5.2　中国区域碳减排绩效、潜力及减排目标的区域分配

利用环境方向距离函数在区域间贸易的框架下研究中国区域碳减排绩效水平和碳减排潜力,并将参数和非参数估计两种方法结合起来得到研究结果,最后提出

碳减排潜力约束下的非线性规划减排目标分配方法,以全国碳减排成本最小化为目标,得出了各区域的减排目标分配方案。

5.2.1　研究方法介绍与数据处理

1. 环境方向距离函数

环境生产技术可以用产出可能集定义如下:

$$P(x) = \{(y, b): 投入\ x\ 可以产出(y, b)\}$$

其中,x 代表投入,y 和 b 为期望产出和非期望产出。Fare et al(2005)概括出产出集应当要满足的四个属性:一是投入的强(自由)处置性,若 $x' \geqslant x$,则 $P(x') \supseteq P(x)$;二是期望产出和非期望产生是联合产出的,具有零结合性(Shephard et al, 1974),若 $(y, b) \in P(x)$ 且 $b = 0$,那么 $y = 0$,只要进行生产活动,期望产出必然伴随着非期望产出;三是产出的弱处置性,若 $(y, b) \in P(x)$ 且 $0 \leqslant \theta \leqslant 1$,则 $(\theta y, \theta b) \in P(x)$,期望产出和非期望产出任何比例的收缩都是可行的,如给定投入 x,只要同比例减少期望产出,就能减少非期望产出;四是期望产出的强处置性,若 $(y', b) \leqslant (y, b)$,则 $(y', b) \in P(x)$,即可以不花任何成本自由处置期望产出。

定义 $g = (g_y, -g_b)$ 为方向向量,则方向距离函数可定义为:

$$\vec{D}_o(x, y, b; g_y, -g_b) = \max\{\beta: (y + \beta g_y, b - \beta g_b) \in P(x)\} \tag{5-9}$$

$\vec{D}_o(x, y, b; g_y, -g_b)$ 表示同有效率的决策单位(即距离函数值为零)构成的生产前沿面相比,生产前沿以内的决策单位可增加期望产出的同时减少非期望产出的最大程度,距离函数值即为决策单位相对于前沿环境生产技术的无效率(inefficiency)程度,反映了决策单位碳减排绩效水平。图 5-4 表示方向向量为 $g = (g_y, -g_b)$ 的方向距离函数,决策单位 K 处在产出集 $P(x)$ 内,其产出坐标为(y, b),k 可沿着 $0g$ 可以扩大期望产出 y 同时缩小非期望产出 b 直到处于 $P(x)$ 前沿上,前沿点坐标为 $(y + \beta^* g_y, b - \beta^* g_b)$,此时

$\beta^* = \vec{D}_o(x, y, b; g_y, -g_b)$。根据方向距离函数的定义,距离函数值越小,决策单位的技术效率越高,碳减排绩效水平越高。

方向距离函数继承了模拟环境生产技术的产出集的属性,其属性包括:

(1) 对于产出集 $P(x)$ 的可行产出量(y, b),方向距离函数都是非负的,特别地,当$(y,$

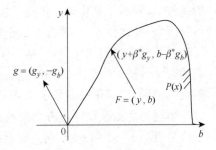

图 5-4　环境方向距离函数

b) 处于 $P(x)$ 的前沿时,方向距离函数的值为 0,即 $\vec{D}_o(x, y, b; g_y, -g_b) \geqslant 0$ 当且仅当 (y, b) 在产出集 $P(x)$ 前沿上或前沿内;

(2) 若 $(y', b) \leqslant (y, b)$,则 $\vec{D}_o(x, y', b; g_y, -g_b) \geqslant \vec{D}_o(x, y, b; g_y, -g_b)$,此为与期望产出强处置性相对应的单调性质,它表示如果一个决策单位的投入量和非期望产出量相同,却生产了更多的期望产出,那么这个决策单位的距离函数(生产无效率)值不会增加;

(3) 当 $(y, b') \geqslant (y, b)$,则 $\vec{D}_o(x, y, b'; g_y, -g_b) \geqslant \vec{D}_o(x, y, b; g_y, -g_b)$,这也是一个单调性质,如果保持投入和期望产出不变,而非期望产出增加了,方向距离函数值不会变小;

(4) 若 $(y, b) \in P(x)$ 且 $0 \leqslant \theta \leqslant 1$,那么 $\vec{D}_o(x, \theta y, \theta b; g_y, -g_b) \geqslant 0$,同期望产出和非期望产出的弱处置性相对应;

(5) 距离函数满足转移属性,如果期望产出扩张 βg_y,非期望产出缩减 βg_b,那么技术效率将会增加 β,即距离函数值减少 β,这个属性同 Shephard(1970) 的产出距离函数的乘法同质性类似,可表示为 $\vec{D}_o(x, y+\beta g_y, b-\beta g_b; g_y, -g_b) = \vec{D}_o(x, y, b; g_y, -g_b) - \beta$。

2. 影子价格

二氧化碳的影子价格可理解为二氧化碳减排的边际成本,其表示在一定投入及生产技术条件下,各决策单位进行碳减排的难易程度。决策单位的影子价格越大,碳减排边际成本也高,则碳减排潜力越小。此外,碳减排潜力与距离函数值密切相关,一般来说,决策单位的技术效率越高,在给定投入的条件下进行资源再配置以控制污染的空间更少了,非期望产出的影子价格也就越大,碳减排潜力越小。

以往的文献会使用碳生产力(单位二氧化碳排放所产出的 GDP)反映碳减排成本,碳生产力越大,碳减排潜力越小。二氧化碳的影子价格与碳生产力的区别在于二氧化碳影子价格的计算是在决策单位的要素投入、环境技术水平等保持不变的条件下,根据二氧化碳变化对环境技术前沿的边际效应而产生,而碳生产力则是各种因素(要素投入、环境技术水平等)共同作用的结果(涂正革,2009)。碳生产力反映的是两者之间的比值,但从影子价格参数估计的计算公式也可以看出,二氧化碳的影子价格取决于 GDP 和二氧化碳水平值的大小,不同水平下的影子价格也有很大的差别,二氧化碳的影子价格更适合用作碳减排潜力的估计。

根据利润函数和环境方向距离函数的对偶关系可以推导得到非期望产出的影子价格,设 w、p_y 和 p_b 分别为要素投入、期望产出和非期望产出的价格,非期望产出会对利润产生负面影响,控制非期望产出需要花费一定的成本,因而利润最大化函数可表示为：

$$R(w, P_y, P_b) = \underset{x, y, b}{\text{Max}}\{p_y y - p_b b - wx : (y, b) \in P(x)\} \quad (5\text{-}10)$$

根据环境方向距离函数的属性(1)可知，$(y, b) \in P(x)$ 相当于 $\vec{D}_o(x, y, b; g_y, -g_b) \geqslant 0$，利润最大化函数亦可定义为：

$$R(w, p_y, p_b) = \underset{x, y, b}{\text{Max}}\{p_y y - p_b b - wx : \vec{D}_o(x, y, b; g) \geqslant 0\} \quad (5\text{-}11)$$

若 $(y, b) \in P(x)$，则

$$(y + \beta g_y, b - \beta g_b) = \{(y + \vec{D}_o(x, y, b; g) \cdot g_y, \\ b - \vec{D}_o(x, y, b; g) \cdot g_b) \in P(x)\} \quad (5\text{-}12)$$

式(5-12)表示如果产出量 (y, b) 可行，则决策单位通过沿着路径 0 g 移动消除技术无效率后得到的产出也是可行的。因此，给定 $g = (g_y, -g_b)$，式(5-11)可转化为式(5-13)或式(5-14)：

$$R(w, p_y, p_b) \geqslant (p_y, -p_b)(y + \vec{D}_o(x, y, b; g) \cdot g_y, \\ b - \vec{D}_o(x, y, b; g) \cdot g_b) - wx \quad (5\text{-}13)$$

$$R(w, p_y, p_b) \geqslant (p_y y - p_b b - wx) + p_y \vec{D}_o(x, y, b; g) \cdot \\ g_y + p_b \vec{D}_o(x, y, b; g) \cdot g_b \quad (5\text{-}14)$$

式(5-14)的左边是可能获得的最大利润,右边为实际利润及消除技术无效率带来的收益之和,其中右边第二个和第三个式子分别代表扩大期望产出和缩减非期望产出(扣除非期望产出的成本)而增加的利润,两者之和为消除技术无效率后获得的收益。如果技术无效率的决策单位沿着效率路径移动到生产前沿上,那么不等式(5-14)将变为等式,即实现了利润最大化。为进一步说明距离函数同最大化利润之间的关系,可将式(5-14)改写为：

$$\vec{D}_o(x, y, b; g) \leqslant \frac{R(w, p_y, p_b) - (p_y y - p_b b - wx)}{p_y g_y + p_b g_b} \quad (5\text{-}15)$$

根据式(5-15),环境方向距离函数同样可以定义为：

$$\vec{D}_o(x, y, b; g) = \underset{y, b}{\text{Min}} \frac{R(w, p_y, p_b) - (p_y y - p_b b - wx)}{p_y g_y + p_b g_b} \quad (5\text{-}16)$$

对式(5-16)运用两次包络定理得到：

$$\frac{\partial \vec{D}_o(x, y, b; g)}{\partial y} = -\frac{-p_y}{p_y g_y + p_b g_b} \leqslant 0 \tag{5-17}$$

$$\frac{\partial \vec{D}_o(x, y, b; g)}{\partial b} = -\frac{p_b}{p_y g_y + p_b g_b} \geqslant 0 \tag{5-18}$$

因此,如果给出期望产出的价格就可以得到非期望产出的影子价格:

$$p_b = -p_y \left(\frac{\partial \vec{D}_o(x, y, b; g)/\partial b}{\partial \vec{D}_o(x, y, b; g)/\partial y} \right) \tag{5-19}$$

5.2.2 中国区域碳减排绩效研究

1. 距离函数的参数化估计

$k = 1, 2, \cdots, 30$ 代表全国 30 个省市(西藏除外),投入向量用 x 来表示,x_n(x_n')代表第 $n(n')$ 种投入,$n, n' = 1, 2, 3$ 分别为资本存量、劳动力和能源消费量,期望产出和非期望产出用 y 和 b 表示,分别代表地区生产总值和碳减排责任。

Vardanyan et al(2006)提出了 Shephard 产出距离函数的超越对数形式和方向距离函数的普通二次型,受超越对数形式对方向距离转移性质的限制,方向距离函数较少采用超越对数形式,陈诗一(2010)提出的超越对数方向距离函数如下:

$$\ln[1 + \vec{D}_o(x^k, y^k, b^k; 1, -1)]$$

$$= \alpha_0 + \sum_{n=1}^{3} \alpha_n \ln x_n^k + \beta_1 \ln y^k + \gamma_1 \ln b^k$$

$$+ \frac{1}{2} \sum_{n=1}^{3} \sum_{n'=1}^{3} \alpha_{nn'} \ln x_n^k \ln x_n^{k'} + \frac{1}{2} \beta_{11} \ln^2 y^k + \frac{1}{2} \gamma_{11} \ln^2 b^k \tag{5-20}$$

$$+ \sum_{n=1}^{3} \eta_n \ln x_n^k \ln y^k + \sum_{n=1}^{3} \phi_n \ln x_n^k \ln b^k + \psi \ln y^k \ln b^k$$

设定不同的方向向量对距离函数和影子价格的估计结果有很大的影响,本书设定方向向量 $(g_y, g_b) = (1, -1)$,一方面可以节约参数,另外也与中性政策管制的意图相符。与 Shephard 产出距离函数不同的是,方向距离函数值越小,决策单位的环境技术效率越高,当决策单位处于生产前沿上时,方向距离函数 $\vec{D}_o = \mathbf{0}$,因而上式构造 $\ln[1 + \vec{D}_o(x^k, y^k, b^k; 1, -1)]$ 以适用于超越对数形式。式中共有 21 个参数,通过运用线性规划求解最优化问题来估计参数值和距离函数值。

$$\min \sum_{k=1}^{30} \{\ln[1+\vec{D}_o(x^k, y^k, b^k; 1, -1)] - 0\}$$

s. t.

(i) $\ln[1+\vec{D}_o(x^k, y^k, b^k; 1, -1)] \geqslant 0 \quad k = 1, \cdots, 30$

(ii) $\dfrac{\partial\ln[1+\vec{D}_o(x^k, y^k, b^k; 1, -1)]}{\partial\ln y^k} \leqslant 0 \quad k = 1, \cdots, 30$

(iii) $\dfrac{\partial\ln[1+\vec{D}_o(x^k, y^k, b^k; 1, -1)]}{\partial\ln b^k} \geqslant 0 \quad k = 1, \cdots, 30$

(iv) $\beta_1 - \gamma_1 = -1$

$\beta_{11} - \psi = 0$

$\psi - \gamma_{11} = 0$

$\eta_n - \varphi_n = 0 \quad n = 1, 2, 3$

(v) $\alpha_{nn'} = \alpha_{n'n} \quad j \neq j' j, j' = 1, 2, 3$

(5-21)

通过线性规划问题使被估计出的方向性距离函数同前沿函数偏差的总和最小化,第(i)个约束条件确保每个观测对象都是有效的,均落在技术前沿面上或者以内;约束条件(ii)和(iii)是为保证影子价格的符号正确的单调性约束;条件(iv)对产出变量施加了 1 阶齐次性假定,保证在给定投入和技术下,产出与距离函数值等比例扩张,(v)为对称条件。

2. 距离函数的非参数估计

根据 Lee et al(2002)的设定,在满足产出集的四个性质和规模收益不变的条件下,距离函数可通过线性规划估算:

$$\vec{D}_o(x, y^k, b^k; g_y, -g_b) = \max_{\lambda, \beta} \beta$$

s. t. $\quad \boldsymbol{Y}\lambda \geqslant (1+\beta)y^k$

$\boldsymbol{B}\lambda \leqslant (1-\beta)b^k$

$\boldsymbol{X}\lambda \leqslant x^k$

$\beta, \lambda \geqslant 0$

(5-22)

其中,$\boldsymbol{Y}$ 和 $\boldsymbol{B}$ 分别代表决策单位的期望产出和非期望产出矩阵,$\boldsymbol{X}$ 代表投入矩阵,y^k、b^k、x^k 是被观测的决策单位 k 的产出和投入值。β 表示决策单位通过使用剩余投入量等沿着自身效率路径向生产前沿移动的过程中,期望产出(非期望产出)可以扩大(缩小)的比例。若 $\beta = 0$,则此决策单位已经处于生产前沿的凸面上,其环境技术是有效率的,碳减排绩效好。β 值越大,表示期望产出继续增加、同时非期望产出继续缩减的空间较大,该决策单位的环境技术越没有效率,碳减排绩效越差。

3. 数据的来源与处理

本部分选择资本存量、劳动力和能源消费量作为投入向量,地区生产总值为期望产出,碳减排责任视为非期望产出。以往的文献对非期望产出指标的处理只考虑了碳直接排放量,主要采用 IPCC 方法将各种能源的消耗量乘以二氧化碳排放因子来核算二氧化碳排放量,对碳间接排放量不够重视。考虑到区域贸易的存在使各区域之间的联系更加紧密,产品在行业和区域之间的流动而产生的碳间接排放已经成为碳排放量的重要组成部分,因此,在 2002 年区域间投入产出表的基础上整理计算得到的碳减排责任来代表非期望产出,包括碳直接排放和碳间接排放。表 5-4 为本部分选用的投入产出指标的基本描述。

表 5-4   2002 年中国省级地区投入产出指标描述性统计

指标	单位	均值	标准差	最大值	最小值
资本存量	亿元(1995 年价)	6 836.21	4 815.05	18 786.77(江苏)	860.75(宁夏)
劳动力	万人	2 121.69	1 414.27	5 522(河南)	247.3(青海)
能源消费量	万吨标煤	5 556.93	3 162.63	11 588(河北)	602(海南)
GDP	亿元(1995 年价)	3 424.88	2 723.91	11 031.4(广东)	285.1(青海)
碳减排责任	万吨	34 159.12	21 718.6	76 050.25(广东)	3 390.38(海南)

数据来源:根据《2003 年中国统计年鉴》《2003 年中国能源统计年鉴》《2002 年中国地区扩展投入产出表:编制与应用》计算整理而成。

各变量相关数据的来源及处理具体如下:

(1) 投入向量

本部分的投入向量包含资本存量、劳动力和能源消费量,在进行资本存量的数据处理时考虑到单豪杰(2008)利用永续盘存法估算出的中国资本存量被多位学者用于研究,具有较大的影响力,因此在单豪杰(2008)对资本存量的估算基础上,将其以 1952 年为基期的 2002 年省级资本存量统一转化为 1995 年不变价(西藏除外),同时将重庆四川地区的资本存量按照 2002 年重庆和四川的 GDP 比例进行分配,得到四川和重庆各自的资本存量;劳动力数据来源于 2003 年《中国统计年鉴》,选用各省份 2002 年末职工总数来表示劳动力投入,单位为万人;能源消费量是从《2003 年中国能源统计年鉴》获得 2002 年各省的能源消费总量,单位为万吨标准煤。

(2) 地区生产总值

地区生产总值的数据来源于《2003 年中国统计年鉴》,并统一折算为 1995 年不变价。

(3) 碳减排责任

由于数据量过少会导致无法进行有效的估计,因而根据估计方法的需要有必要将八大区域的碳减排责任拆分成 30 个省份的碳减排责任,在测算碳减排责任的原始数据的基础上,按照 2002 年区域间投入产出表的编制方法,同样地计算出 30 个省的区域间直接消耗系数矩阵并利用处理好的 17 个部门的分部门产品省际间流动矩阵构造出省际贸易系数矩阵,得到 30 个省份的碳减排责任,区域各省份的碳减排责任之和与测算出的区域碳减排责任相等。

4. 实证结果与分析

参数化估计的优点在于考虑了随机因素对于产出的影响,但由于参数估计对数据的要求较高,受数据量的限制,参数化估计的部分结果受到一定的影响,而非参数化估计对于样本数据的要求较少,且不受模型设定形式的限制。所以本书还对参数估计和非参数估计的各省级地区的影子价格进行加权平均处理,一定程度上消除参数估计和非参数估计各自对研究结果的消极影响。

表 5-5　参数化方法的系数估计值及显著性检验

系数	估计值	标准差	t 统计值	p 值
α_0	−1.434 6	0.000 366	−3 923.896	0.000 000
α_1	1.362	0.000 149	9 127.666	0.000 000
α_2	1.790 1	0.000 095	18 760.02	0.000 000
α_3	−1.016 3	0.000 244	−4 168.682	0.000 000
β_1	−1.376 7	0.000 176	−7 810.063	0.000 000
$\gamma 1$	−0.376 73	0.000 293	−1 284.715	0.000 000
α_{11}	−2.330 1	0.000 066	−35 566.77	0.000 000
α_{22}	−0.157 78	0.000 012	−13 086.76	0.000 000
α_{33}	−1.525 8	0.000 145	−10 558.76	0.000 000
α_{12}	0.210 75	0.000 015	14 033.88	0.000 000
α_{13}	−1.182 9	0.000 063	−18 825.96	0.000 000
α_{23}	−0.324 75	0.000 032	−10 274.69	0.000 000
β_{11}	−1.348	0.000 062	−21 827.87	0.000 000
$\gamma 11$	−1.348	0.000 125	−10 747.84	0.000 000
η_1	1.513 6	0.000 062	24 447.88	0.000 000
η_2	0.019 815	0.000 018	1 123.816	0.000 000
η_3	1.440 1	0.000 059	24 603.9	0.000 000
φ_1	1.513 6	0.000 061	25 008.07	0.000 000
φ_2	0.019 815	0.000 029	682.922 7	0.000 000
φ_3	1.440 1	0.000 124	11 571.04	0.000 000
ψ	−1.348	0.000 063	−21 467.28	0.000 000

表 5-5 报告了超越对数方向距离函数的参数系数估计值、标准差和 t 检验结果。由表 5-5 可看出,21 个参数在统计上都高度显著,参数估计的结果较好,通过优化问题得到系数估计值的同时也能得到各个决策单位的距离函数参数估计值。此外,经过非参数模型估计,本书也得到了各省区的非参数距离函数值,如图 5-5所示。

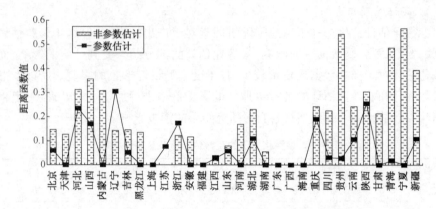

图 5-5　2002 年两种方法估算的各省级地区距离函数值

图 5-5 显示了各省级地区运用参数化方法和非参数化方法估计出的距离函数值,将两者结合起来可以更加准确地反映出各省级地区的碳减排绩效,从图 5-5 可以看出,参数化和非参数化两种方法度量的距离函数值基本呈现凹形特征。上海、福建、广东、广西、海南这几个地区的距离函数值为零,即这些地区碳排放绩效水平较高。北京、天津、吉林、江西、江苏、山东、湖南等地区距离函数值处于中等水平,碳减排绩效一般或偏上。而河北、山西、重庆、陕西、湖北、云南、新疆的参数化距离函数值超过 0.10,非参数估计值大于 0.20,碳排放绩效水平相对较低,其中河北、山西、重庆、陕西的碳减排技术为无效率,参数估计距离函数值为 0.20 左右,非参数估计结果更是上升至 0.30 附近。

表 5-6　八大区域距离函数值及区域内的前沿省份①

	最大值	最小值	加权平均值	处于生产前沿的决策单位
东北	0.099 2(辽宁)	0.024 9(黑龙江)	0.150 1	
京津	0.074 1(北京)	0.043 5(天津)	0.117 6	

---

① 距离函数最大最小值为省级地区的参数和非参数估计值的加权平均,括号内表示相应地区。

续表 5-6

	最大值	最小值	加权平均值	处于生产前沿的决策单位
北部沿海	0.149 8(河北)	0.037 1(山东)	0.186 9	
东部沿海	0.044 3(浙江)	0(上海)	0.050 4	上海
南部沿海	0	0	0.000 0	福建、广东、海南
中部	0.079 0(山西)	0.037 2(江西)	0.169 8	
西北	0.071 2(新疆)	0.021 8(青海)	0.286 4	
西南	0.085 0(贵州)	0(广西)	0.222 9	广西

资料来源:根据计算结果整理获得。

　　表 5-6 反映了八大区域的碳减排绩效水平,其中区域距离函数值的加权平均值的权重为各省级地区碳减排责任的份额。受区位、经济和社会等多因素的影响,中国二氧化碳排放绩效可能呈现出明显的区域特征,从表 5-6 可以看出,处于南部沿海的三个省份福建、广东、海南都是前沿生产单位,南部沿海的距离函数值为 0,碳减排绩效水平排在八大区域之首;东部沿海和京津地区的碳减排绩效分列二、三位。东北、北部沿海和中部地区的距离函数值都在 0.15 和 0.20 之间,碳减排绩效水平一般,而西南、西北地区的距离函数值达到 0.222 9 和 0.286 4,碳减排绩效水平处在全国末端。

　　由此看出,地区的碳排放绩效水平与经济发展水平存在一定的相关性,2002年东部沿海、南部沿海和京津地区的人均 GDP 高于或接近 15 000 元,经济发展水平较高,实施碳减排的基础好,因而环境生产技术比较有效率,碳减排绩效水平居全国前列。京津地区碳排放绩效仅排在全国第三位,而刘明磊等(2011)指出,2007年北京和天津位于生产前沿,距离函数值为 0,除去时间因素或者随机因素的干扰,这还与本书的非期望产出采用的碳减排责任指标包含了区域间产品流动产生的间接碳排放有关,2002 年北京市的区域间贸易总额为 6 870.713 0 亿元,天津为4 111.698 3 亿元,京津地区的区域间贸易额占总产出的比例(区域间贸易开放程度)高达 56.53%,居全国之首,在流动过程中的生产和消费带来的间接碳排放随之增加,京津地区 2002 年碳排放强度(碳排放责任/GDP)达到每万元 11.77 吨二氧化碳。可见,区域间贸易开放程度对于碳减排绩效的测算结果产生了一定的影响。产业结构也是碳减排绩效水平的一个重要相关因素,中部和西南地区的经济发展对农业的依赖性强,第一产业所占比重较高,因农业初级产品技术效率低而产生的消费者碳减排责任影响到中部和西部整体的碳减排绩效水平。此外,地理区位也对碳减排绩效有不容忽视的影响,中部地区与沿海地区和西部地区的沿海地区初级产品和西部深加工产品的主要供应地对其他区域带来较大的中间需求和最终需求,这些因素导致中部地区的消费者碳减排责任排在全国首位,北部沿海和西北地区的煤炭消费在能源消费总量中的比重较高,分别为 84.50％和 74.20％,能源消费结构高碳化导致碳绩效水平低下。

5.2.3　中国区域碳减排潜力研究

1. 影子价格的参数化估计

根据式子(5-19)得到非期望产出影子价格的估计值为:

$$p_b^k = - p_y^k \left[\frac{\partial \vec{D}_o(x^k, y^k, b^k; 1, -1)/\partial b^k}{\partial \vec{D}_o(x^k, y^k, b^k; 1, -1)/\partial y^k} \right] \tag{5-23}$$

$$= - p_y^k \frac{\partial \ln[1 + \vec{D}_o(x^k, y^k, b^k; 1, -1)]/\partial \ln b^k}{\partial \ln[1 + \vec{D}_o(x^k, y^k, b^k; 1, -1)]/\partial \ln y^k}$$

Fare et al. (1993)提出了假设期望产出的价格是完全市场价,即 $p_y^k = 1$,则根据距离函数估算得到的参数,可得到第 K 个决策单位的二氧化碳影子价格:

$$p_b^k = - \frac{\gamma_1 + \gamma_{11} \ln b^k + \varphi_1 \ln x_1^k + \varphi_2 \ln x_2^k + \varphi_3 \ln x_3^k + \psi \ln y^k}{\beta_1 + \beta_{11} \ln y^k + \eta_1 \ln x_1^k + \eta_2 \ln x_2^k + \eta_3 \ln x_3^k + \psi \ln b^k} \cdot \frac{y^k}{b^k} \tag{5-24}$$

参数化估算方法可以考虑随机冲击对产出前沿的影响,通过求解预设的函数形式中的未知参数,直接运用线性规划方法计算得到距离函数值及影子价格。

2. 影子价格的非参数估计

与参数估计方法不同的是,非参数估计法估计出的环境方向距离函数不可微,不能像参数估计法一样通过代入参数值直接计算非期望产出的影子价格,因而需要对非期望产出的影子价格进行进一步推导。根据已经得到的距离函数值 $\vec{D}_o$,在满足以下四个假设的条件下,可推导出非期望产出的影子价格:

(1) 假设每个观测对象的环境非效率水平不同。在自己的非效率水平的约束下使得利润最大化,即不管是否有相同的生产技术,也会因为环境非效率水平的不同产生不同的优化结果。

(2) 假设生产前沿上的决策单位满足弱效率条件,生产可能集是凸面的。这保证了投影到前沿的点的斜率非负,在给定投入的情况下非期望增加则投影点的斜率减小。

(3) 期望产出强处置性,同 Fare et al(2005)所提出的生产可能集属性。

(4) 期望产出的价格是完全市场价。

决策单位 (y, b) 通过效率路径在生产前沿上的投影点为 (y^*, b^*),在假设 1 的基础上,根据方向距离函数和利润函数的对偶关系(duality),每个决策单位沿着各自的效率路径实现利润最大化的问题可表述为:

$$\underset{x, y, b}{\text{Max}} \quad py' - wx'$$

$$\text{s. t.}$$

$$\vec{D}_o(x, y^*, b^*; 1, -1) = 0 \tag{5-25}$$

如同前文,其中 p 和 w 分别为产出和投入的价格向量,可以构造拉格朗日函数如下:

$$\underset{x, y, b}{\text{Max}} \quad py' - wx' + \Lambda[\vec{D}_o(x, y^*, b^*; 1, -1) - 0] \tag{5-26}$$

Λ 为拉格朗日乘数,求解拉格朗日函数对于期望产出和非期望产出的一阶条件为:

$$p_y + \Lambda \cdot \frac{\partial \vec{D}_o(x, y^*, b^*; 1, -1)}{\partial y^*} \cdot \sigma_y = 0 \tag{5-27}$$

$$p_b + \Lambda \cdot \frac{\partial \vec{D}_o(x, y^*, b^*; 1, -1)}{\partial b^*} \cdot \sigma_b = 0 \tag{5-28}$$

由这两个一阶条件可以推导出非期望产出的影子价格为:

$$\frac{p_b}{p_y} = \frac{\partial \vec{D}_o(x, y^*, b^*; 1, -1)/\partial b^*}{\partial \vec{D}_o(x, y^*, b^*; 1, -1)/\partial y^*} \cdot \frac{\sigma_b}{\sigma_y} \tag{5-29}$$

其中,σ_b 和 σ_y 无效率因子,σ_b/σ_y 为修正的无效率因子。$y^* = \sigma_y \cdot y$, $b^* = \sigma_b \cdot b$, $\sigma_b/\sigma_y = (1 - \vec{D}_o)/(1 + \vec{D}_o)$, $\dfrac{\partial \vec{D}_o(x, y^*, b^*; 1, -1)/\partial b^*}{\partial \vec{D}_o(x, y^*, b^*; 1, -1)/\partial y^*}$ 是无效率决策单位在前沿上的投影点 (y^*, b^*) 处的斜率,可简写为 $\vec{T}(x, y, b)$。$\vec{T}(x, y, b)$ 可以通过计算线性规划(5-22)的产出约束对偶价的比例得到,$\partial \vec{D}_o(x, y^*, b^*; 1, -1)/\partial y^*$ 和 $\partial \vec{D}_o(x, y^*, b^*; 1, -1)/\partial b^*$ 分别是(5-22)中第一个和第二个约束条件的对偶价。从式(5-29)可以看出,非期望产出的影子价格同修正的无效率因子 σ_b/σ_y 是同比例增减的。

前面在推导影子价格时提到的假设条件之一是期望产出的价格是完全市场价,即 $p_y^k = 1$,决策单位 k 的非期望产出影子价格可写为式(5-30):

$$p_b^k = \vec{T}^k(x, y, b) \cdot \frac{(1 - \vec{D}_o^k)}{(1 + \vec{D}_o^k)} \tag{5-30}$$

非参数估计已被包括 Chung et al(1997)，Lee et al(2002)和 Boydet al(2002)用于估计定向输出距离函数的效率和生产力变化。相对于方向性产出距离函数的参数形式而言，非参数化方法的最大优点就是不需要事先设定方程的具体形式。但是，通过 DEA 估计方向距离函数不可微，决策单元投影到生产前沿上的斜率并不是一个确定的值，从而影响影子价格的度量值，所以非参数法在估计影子价格方面也有其自身的劣势。

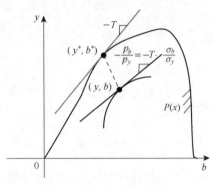

图 5-6　二氧化碳影子价格

3. 研究结果分析

将表 5-5 中参数化方法的系数估计值代入式(5-24)可计算出决策单位的参数化二氧化碳影子价格，非参数化影子价格也可由式(5-30)计算得到。从表 5-7 可以发现，与其他文献的研究结果相比，研究的影子价格的绝对值(以下简称"影子价格")相对偏小，这是与选择碳减排责任而非传统的碳直接排放量作为非期望产出有很大的关系。根据之前的研究，中国部分区域碳减排责任和碳直接排放量存在不一致现象，碳减排责任总体来说大于碳直接排放，尤其以南部、东部的碳减排责任偏大的特征最为明显，这主要因为东部、南部区域是沿海制造业大省、经济强省所在区域，其本身的能源禀赋并不高，多数从其他区域调入初级产品进行生产和消费，产生的碳间接排放量导致碳减排责任与直接碳排放量很大程度上相偏离，将包含碳间接排放的碳排放责任作为非期望产出来计算影子价格，相对于之前的研究片面地将碳直接排放量作为非期望产出来说，研究结果会有较大的差异，这一点也可以用 Lee et al(2002)对非期望产出影子价格的研究结果来解释，他指出非期望产出的影子价格同决策单位的相关清洁度(即本书中的 GDP/碳减排责任)成正比，因而碳减排责任对于传统的二氧化碳排放量偏大，影子价格则会相应的偏小。

表 5-7　省级地区二氧化碳影子价格[①]　单位:元/吨二氧化碳

省级地区	参数化	非参数化	加权平均值	省级地区	参数化	非参数化	加权平均值
北京	6 584.31	644.08	1 832.12	河南	1 340.72	486.55	657.38
天津	478.65	670.96	632.50	湖北	979.93	838.80	867.03
河北	1 317.08	89.55	335.06	湖南	4 535.87	1 202.92	1 869.51

① 空缺处为参数估计的无效值;表中数值为影子价格的绝对值,加权平均值的权重设定为参数化影子价格权重 0.2,非参数化影子价格权重 0.8。

续表 5-7

省级地区	参数化	非参数化	加权平均值	省级地区	参数化	非参数化	加权平均值
山西	704.26	324.32	400.31	广东	548.00	1 231.96	1 095.17
内蒙古	1 973.54	362.06	684.36	广西	807.77	991.60	954.84
辽宁	295.74	15.65	71.67	海南	2 957.78	1 259.70	1 599.31
吉林	217.69	509.92	451.47	重庆	2 501.82	818.27	1 154.98
黑龙江	2 454.77	847.10	1 168.64	四川		848.57	848.57
上海	1 496.64	772.63	917.43	贵州	4 012.86	202.79	964.80
江苏	1 364.98	1 563.57	1 523.85	云南	2 640.92	818.40	1 182.90
浙江	830.68	886.98	875.72	陕西	1 384.08	717.14	850.53
安徽	714.14	541.62	576.12	甘肃	149.67	443.50	384.74
福建	1 238.31	850.25	927.86	青海	2 665.79	463.89	904.27
江西	488.52	633.27	604.32	宁夏	1 214.72	371.08	539.81
山东	1 284.02	949.26	1 016.21	新疆		492.85	492.85

资料来源:根据计算结果整理而成。

　　从表 5-7 可以看出,各省级地区的二氧化碳影子价格存在较大差异。广东、海南、北京、江苏、黑龙江、山东、湖南等地区的二氧化碳影子价格较高,都在每吨 900 元以上,其中,广东、上海、福建、广西和海南都位于生产前沿上,除了碳减排绩效很好之外,碳排放强度也排在全国的末端,北京、湖南、山东、江苏和黑龙江的碳排放强度较低,分别为 11.11、8.87、7.85、7.19 和 7.03 吨/万元,碳减排绩效仅次于生产前沿上的地区,影子价格相应较大。这些地区的生产活动已经有较高的技术效率,能源利用效率也较高,想要在增加经济产出的同时进一步降低碳排放的空间较小,碳减排潜力不足。影子价格小的基本上是一些环境管制相对较松及重化工企业集中的省份,如辽宁、吉林、甘肃、河北等,二氧化碳的影子价格都在 500 元/吨以下,减少碳排放所要付出的经济代价相对较小,碳减排潜力大。

表 5-8　八大区域二氧化碳影子价格及相关因素①

区域	影子价格（元/吨）	碳排放强度（吨/万元）	碳减排责任比例（%）		
			第三产业	轻工业	重工业
东北	401.61	12.95	30.97%	9.99%	42.36%
京津	1 318.58	11.77	48.52%	6.37%	34.56%
北部沿海	672.65	10.06	23.59%	19.22%	39.67%

---

　　① 碳减排责任比例为区域某行业应承担的碳减排责任占区域总碳减排责任的比例。

续表 5-8

区域	影子价格（元/吨）	碳排放强度（吨/万元）	碳减排责任比例（%）		
			第三产业	轻工业	重工业
东部沿海	1 147.55	8.18	24.37%	18.49%	45.35%
南部沿海	1 070.99	6.76	28.02%	15.70%	45.48%
中部	766.37	10.65	29.11%	13.97%	34.03%
西北	629.43	14.76	33.20%	8.42%	35.81%
西南	990.22	10.42	31.31%	11.77%	30.87%

资料来源：根据计算结果整理而成。

表 5-8 显示的是从区域的层面分析影子价格的差异性，区域影子价格可能与碳排放强度的不同或者区域主要产业有较大的关联。如陈诗一（2010）指出，二氧化碳减排的实质是能源利用问题，第三产业或轻工业相对于能源密集型的重工业行业能源利用效率高，进一步节能减排的成本相对较高、难度较大，因而重化工业行业的影子价格基本上较小，而轻工业和第三产业影子价格相对要高。如表 5-7 所示，京津、东部沿海和南部沿海区域的影子价格排在全国前三位，分别是 1 318.58、1 147.55 和 1 070.99 元/吨，之前的研究结果显示这三个地区的碳减排绩效也排在全国前列，这与碳减排绩效越大则影子价格也相应较大的理论相符。京津地区第三产业较为发达，第三产业的碳减排责任比例为 48.52%，说明第三产业的碳减排是京津地区的减排重点，依照陈诗一（2010）的研究结论，第三产业能源消耗少、利用率高，应该是影子价格最高的行业，因此，京津地区的影子价格居全国区域之首。东部沿海地区的轻工业和重工业所占的比例都比较高，虽然轻工业的影子价格应该比重工业要高，但东部沿海地区影子价格能高达全国第二位与其低排放强度是分不开的。南部沿海重工业比重比东部沿海高，轻工业比例较之要低，但它的碳排放强度更小，因而与东部沿海的影子价格相差不大。西南地区和中部地区的影子价格处于八大区域的中等水平，中部地区的产业发展较为均衡，相比较而言，西南地区的第三产业比重略大，碳排放强度略低，影子价格也稍微高出中部地区。北部沿海、西北和东北地区因工业比重较大，碳排放强度高，三者的二氧化碳影子价格居全国末三位，尤其对于东北地区来说，重工业是其经济命脉，导致东北的二氧化碳影子价格成为全国最低水平。

5.2.4 区域碳减排目标的分配设计

为了减少温室气体排放量，越来越多的经济体都开始制定总体的碳减排方案。例如，欧盟制定的碳减排目标为 2020 年的温室气体排放量与比 1990 年相比降低 20%，中国则提出了"十一五"节能减排目标是能源强度降低 20%，并将 2020 年碳排放强度（单位国内生产总值二氧化碳排放）比 2005 年下降 40%～45% 的战略目标作为约束性指标纳入国民经济和社会发展中长期规划。但"十一五"减排目标的完成的情况比预期的目标差很多,究其原因主要是目标的区域分解过于简单随意,除了广东、宁夏等少数几个省市自治区,绝大部分地区都采用20％的目标,结果有的地区由于碳减排潜力本身就不大,出现碳减排紧迫的局面。因而,在不同的减排目标和综合考虑各种碳减排分配方案的成本代价的基础上,如何挖掘地区碳减排潜力,寻求适用的碳减排分配方案引发了激烈的争论。有学者认为,政府应当让低影子价格地区承担更多的减排指标,并由发达地区提供补贴,但具体该承担多少减排指标,还有待研究。中国地域辽阔、地区差异显著,实施碳减排的难点不在于工具的匮乏,而在于一国内部如何制定区域碳减排目标,将整体的减排目标分解到各个区域或者省份来有效贯彻实施区域碳减排措施,实现国家整体低碳排放强度的目标。

本研究认为应当以当前情况下的碳减排绩效、潜力和碳排放强度为依据,研究各个地区的碳减排方案。本书中的二氧化碳的影子价格即为边际碳减排成本,边际碳减排成本除了称作影子价格作为地区的碳减排潜力的重要标志之外,已经成为分析二氧化碳减排和碳排放交易一个好方法,应被应用于碳减排成本、最优化及碳交易定价等问题。在边际碳减排成本曲线的研究发展过程中,国内外的学者构造不同的边际减排成本曲线函数来反映碳减排比例与相应的边际减排成本变动之间的相关性,函数形式主要有对数形式、二次曲线形式和指数形式。

1. 目标分配模型

本书之前已经提到,影子价格(碳减排边际成本)同相关清洁度(即GDP/碳减排责任)成正比,也就是同碳排放强度(单位GDP的碳减排责任)有反比例关系,且因为国内采用的是相对减排的模式,即更加重视碳减排的效率而不是总量,因而碳排放强度对于国内各区域(地区)的边际减排成本的作用力匮浅,也可作边际成本与碳排放强度的散点图来证明这一点,因而在尝试多种函数形式之后选择运用反函数来构造边际成本函数,设定的函数形式如下:

$$MC_i = \alpha + \beta \cdot \frac{1}{e_i}$$

$$C_i = \int_{E^1}^{E^0} \left(\alpha + \beta \cdot \frac{1}{e_i} \right) de_i = (\alpha e_i + \beta \ln e_i) \mid_{E^1}^{E^0} \qquad (5\text{-}31)$$

$$= \alpha(E^0 - E^1) + \beta \ln \frac{E^0}{E^1}$$

根据全国碳排放强度目标和地区减排绩效的约束,通过非线性规划寻找各个地区最合适的减排目标分配方案,实现全国整体碳减排成本最小化,该线性规划问题描述如下:

$$\min TC = \sum C_i = \sum_i \alpha (E_i^0 - E_i^1) + \beta \ln \frac{E_i^0}{E_i^1}$$

$$\text{s. t.} \quad \text{(i)} \quad \sum_i \lambda_i^1 E_i^1 = E^* \tag{5-32}$$

$$\text{(ii)} \quad E_i^0 Y_i^1 (1 - \overrightarrow{D_{\alpha i}}) \geqslant E_i^1 Y_i^1$$

其中,TC 为全国二氧化碳减排的总成本,E_i^1 为决策变量,表示目标年份碳排放强度,E_i^0 表示基期碳排放强度,E^* 为全国的碳排放强度的目标值。λ_i^1 为地区 i 的 GDP 占全国 GDP 的比重,Y_i^1 为目标年份 GDP 的预测值,$\overrightarrow{D_{\alpha i}}$ 为地区 i 的距离函数值。约束条件(i)表示目标年份各地区碳排放强度的加权平均达到目标值;约束条件(ii)表示在目标年份各地区在碳排放强度不变的情况下,最有环境生产效率的碳排放量 $E_i^0 Y_i^1 (1 - \overrightarrow{D_{\alpha i}})$ 大于碳排放强度降低情况下(强度碳减排)的碳排放量,确保地区在目标年份强度碳减排方案下的碳排放是最有效率的。通过解上述规划模型,可以得到全国减排成本最小化下的各省减排目标最优分配方案。

2. 数据的来源与处理

在设定全国的碳排放强度的目标值时,考虑到中国政府提出到 2020 年全国碳排放强度较 2005 年下降 40%,由于数据的限制,本书研究的碳减排基期为 2002 年,因此需要计算 2020 年相比 2002 年碳排放强度下降的目标比例,根据张友国(2010)的研究结果,2002、2005 和 2007 年中国能源强度分别为 0.12、0.08、0.09 吨标煤每万元,按照国家目标可推算出 2020 年能源强度应当比 2002 年下降 60%,最终将减排目标设定为 2002—2020 年中国碳排放强度下降 60%。2020 年 GDP 以基期 GDP 乘以年增长率得到,将 2002—2020 年 GDP 年增长率设为 8%。

3. 研究结果分析

首先,将各个地区的影子价格(万元/吨二氧化碳)和碳排放强度进行回归,考虑到异方差的存在,使用加权最小二乘法对异方差性进行修正后得到回归结果如下:

表 5-9　边际成本曲线的回归估计

变量	系数	标准差	t 统计值
α	0.023 557	0.003 938	5.982 034
$1/e$	0.646 704	0.039 128	16.528 11
R^2	0.907 032		

边际成本函数表示为:$MC_i = 0.023\,557 + 0.646\,704 \dfrac{1}{e_i}$,将系数代入非线性规划目标函数中可得到成本最小化的最优解。通过上述模型,分别测度 2020 年碳排放强度下降 40%、50% 和 60% 情况下的地区可承受的最优二氧化碳减排分配方案,即各地区(区域)的目标碳排放强度和相对碳减排比例(即碳排放强度降低的比

例)。根据测算结果,国家碳减排成本随着碳排放目标值的增大而稳步上升,当碳排放强度下降比例从 40% 上升至 50% 和 60% 时,碳减排总成本也从 10.66 亿元、14.066 亿元增加到 18.50 亿元,强度下降比例从 40% 增至 50% 时,减排总成本增加的比例为 31.92%,强度下降比例从 50% 增至 60% 时,减排总成本又增加了 31.55%,这也反映了碳排放强度的下降伴随着碳减排总成本更大比例的消耗,且当碳排放强度降低到一定的数值时,需要投入更多的成本来实现更高效的碳排放。

表 5-10 和 5-11 反映的是为完成 2020 年全国的碳减排目标,中国各地区(区域)的减排强度最优分配方案。从表 5-10 可以看出,承担较大减排比例的区域集中主要集中在沿海和东北区域,京津和西北地区的减排任务最小。按照减排指标为 60% 来看,北部沿海的相对碳减排比例为 80.70%,目标任务排在全国第一位,是 2020 年全国碳减排目标的重点实施区域。北部沿海和东北区域的碳减排潜力较大,其二氧化碳的影子价格仅为 672.65 元/吨和 401.61 元/吨,而京津地区的影子价格高达每吨 1 318.58 元,碳减排潜力过小,因而应当承担的碳强度减排任务较少,为 37.86%。但西北地区的影子价格较低,碳减排潜力较大,但其分配到的任务却最低,当全国减排目标从 60% 降为 40% 和 50% 时,西北的减排比例没有变化,依然是 28.64%,说明减排任务的分配不仅与影子价格的大小相关,还要考虑当地的经济发展水平,按预测结果,2020 西北地区的 GDP 总量为 25 384.14 亿元,仅为全国的 6.18%,西北地区碳减排付出的代价很小,但因 GDP 总量过小导致其能够承担的减排任务有限。东部沿海、南部沿海的影子价格都属于较高的水平,碳减排潜力并不突出,但两者的碳减排责任总量都较大,分别达到 172 178.93 万吨和 104 802.99 万吨且重工业的碳减排责任占据较大的比例如表 5-8,这也一定程度上反映出"谁污染、谁治理"的原则。2020 年八大区域的目标碳排放强度从高到低依次为西北、京津、西南、东北、中部、南部沿海、东部沿海、北部沿海,目标值分别是 10.53、7.32、6.43、4.68、4.54、2.03、1.98、1.94 吨/万元。

表 5-10　区域相对碳减排目标比例

全国碳减排目标比例		目标减排比例(%)			区域相对碳减排比例(%)		
		40%	50%	60%	40%	50%	60%
东北	辽宁	60.70	73.51	81.05	40.29	49.95	63.86
	吉林	12.70	12.70	25.76			
	黑龙江	10.84	25.99	49.03			
京津	北京	12.96	20.11	46.90	11.76	19.54	37.86
	天津	10.15	10.15	10.15			
北部沿海	河北	62.95	74.59	81.63	64.42	73.58	80.70
	山东	67.62	76.76	82.72			

续表 5-10

全国碳减排目标比例		目标减排比例（%）			区域相对碳减排比例（%）		
		40%	50%	60%	40%	50%	60%
东部沿海	上海	38.22	58.14	69.97	55.05	66.66	75.76
	江苏	66.91	76.18	82.25			
	浙江	56.63	69.53	77.65			
南部沿海	福建	0.00	19.91	43.64	49.39	59.69	69.88
	广东	70.52	78.64	84.02			
	海南	0.00	0.00	0.00			
中部	山西	31.96	33.52	61.24	25.65	41.94	57.38
	安徽	9.31	25.12	48.80			
	江西	3.66	3.66	3.66			
	河南	46.78	63.46	73.57			
	湖北	20.67	45.11	61.63			
	湖南	4.37	19.93	44.04			
西北	内蒙古	24.64	24.64	24.64	28.64	28.64	28.64
	陕西	29.36	29.36	29.36			
	甘肃	17.07	17.07	17.07			
	青海	39.27	39.27	39.27			
	宁夏	45.34	45.34	45.34			
	新疆	33.71	33.71	33.71			
西南	广西	0.00	0.00	0.00	26.84	33.36	38.27
	重庆	23.20	23.20	23.20			
	四川	26.76	51.52	65.68			
	贵州	43.98	43.98	43.98			
	云南	21.53	21.53	21.53			

资料来源：根据计算结果整理获得。

将区域碳减排目标分解至省级来看，如表 5-11 所示，按照碳强度降低 60% 的全国目标，相对碳减排比例较大的省市依次是广东、山东、江苏、河北、辽宁，而相对碳减排比例最少的则是甘肃、天津、江西、海南和广西，其中海南和广西因已经处于生产前沿且经济总量较小，想要再继续实施碳强度减排的难度非常大，因而海南和广西的相对碳减排比例几乎为 0。从碳强度目标值来分析，目标碳排放强度较高的从高到低依次为甘肃、宁夏、贵州、青海、新疆和内蒙古，碳排放强度目标值在 10 吨/万元至 15 吨/万元之间；而上海、河北、河南、浙江、山东、江苏、广东的目标值最低，在每万元 3 吨以下。

表 5-11　区域碳排放目标强度　　　　　　　　单位：t/万元

全国碳减排目标比例		目标碳排放强度			区域目标碳排放强度		
		40%	50%	60%	40%	50%	60%
东北	辽宁	5.95	4.35	3.12	7.73	6.48	4.68
	吉林	11.56	11.56	8.54			
	黑龙江	7.91	6.40	4.53			
京津	北京	9.67	8.16	5.68	10.39	9.47	7.32
	天津	11.50	11.50	9.83			
北部沿海	河北	5.10	3.75	2.72	3.58	2.66	1.94
	山东	2.71	2.03	1.50			
东部沿海	上海	5.70	4.17	2.99	3.68	2.73	1.98
	江苏	2.55	1.91	1.41			
	浙江	3.87	2.87	2.10			
南部沿海	福建	6.48	5.25	3.75	3.42	2.72	2.03
	广东	2.20	1.66	1.22			
	海南	5.96	5.96	5.96			
中部	山西	18.58	13.56	9.02	7.92	6.18	4.54
	安徽	8.51	6.77	4.76			
	江西	6.80	6.80	6.80			
	河南	5.05	3.71	2.69			
	湖北	7.80	5.62	3.99			
	湖南	6.72	5.63	4.00			
西北	内蒙古	10.09	10.09	10.09	10.53	10.53	10.53
	陕西	8.45	8.45	8.45			
	甘肃	14.84	14.84	14.84			
	青海	11.09	11.09	11.09			
	宁夏	12.71	12.71	12.71			
	新疆	10.25	10.25	10.25			
西南	广西	6.35	6.35	6.35	7.62	6.94	6.43
	重庆	7.99	7.99	7.99			
	四川	6.80	4.93	3.53			
	贵州	12.16	12.16	12.16			
	云南	8.17	8.17	8.17			

资料来源：根据计算结果整理获得。

5.3 研 究 结 论

本部分首先运用区域间投入产出模型,从生产者和消费者共担责任的角度定量测算1997年和2002年中国八大区域的碳减排责任,分析区域碳减排责任的特征以及分行业来研究碳减排责任的区域差异,然后利用环境方向距离函数进行参数和非参数估计方法,采用碳减排责任作为非期望产出,测度了中国八大区域和省级地区的碳减排绩效水平及减排潜力,并据此研究得到碳减排的区域目标分配方案,研究结论如下:

第一,区域碳减排责任和碳直接排放量存在不一致现象,总体表现出南部、东部的碳减排责任偏大,西部、北部偏小的特征。说明基于生产者和消费者共同承担责任的原则测算的区域碳减排责任更能全面真实地反映碳排放问题。

第二,中部和东部沿海的区域碳减排总责任居全国第一、第二位,中部地区的农业、东部沿海的制造业产生的生产者责任和消费者责任在全国行业减排责任中占据的比例都是最大,这与其产出量和供应链管理有相关关系。

第三,生产者责任偏大的有西南地区农业、北部沿海的工业和东部沿海的服务业,承担较多建筑业消费者责任的是西南地区。实证分析表明,在碳减排总责任一定的情况下,生产者责任的份额较大则消费者责任份额越小,相应地,生产者责任较大而消费者责任较小,这些区域的碳减排总责任不及中部和东部沿海,很大程度上受生产者(消费者)责任份额的影响,产生某个行业生产者(消费者)责任在全国占较大比例的现象,而责任份额在本书中是由增加值和外部投入决定的。

第四,东部南部区域的碳减排绩效水平较高,西部北部地区绩效水平较低,其中,京津地区的碳减排绩效排在全国第三位,而以往的研究得出的结果大多是北京、天津都处在生产前沿上,绩效水平居全国首位,采用的非期望产出中包含区域间贸易产生的隐含碳排放,经测算京津地区的区域间贸易额高达56.53%,影响了总体碳减排绩效水平。此外,碳减排绩效水平还与地区发展水平、能源消费结构、产业结构等因素相关。

第五,区域碳减排潜力与区域减排的重点行业和碳排放强度的大小有关,而不同的行业的影子价格也有较大的差异,第三产业影子价格高,相比重工业,轻工业的影子价格也相对较高。京津地区的第三产业承担的碳减排责任比例最大,碳减排的重点行业为影子价格最高的第三产业,因而减排成本高,碳减排潜力处于全国最低水平;北部地区的工业比重大,碳排放强度高,二氧化碳影子价格居全国末端,碳减排潜力较大。此外,由于碳减排责任的影响使研究结果中的二氧化碳影子价格都偏小。

　　第六,碳减排目标分配方案中承担较大减排比例的区域集中主要集中在沿海和东北区域,京津和西北地区的减排任务最小。减排任务的分配不仅与区域碳减排潜力密切相关,还要考虑当地的经济发展水平和碳减排责任总量的大小。

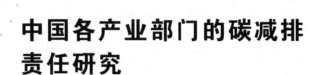

第六章

中国各产业部门的碳减排责任研究

本部分从产业角度对中国能源消费现状、碳排放的现状进行具体分析,并与其他国家进行对比研究,进而从由此引发的来自国际社会和国内发展的双重压力着手,分析中国实施碳减排战略的紧迫性。接着,比较三种碳减排责任分配方案的优劣,并构建公平合理的碳减排分配模型,对中国各产业部门的碳减排责任进行测算及实证分析,同时深入分析各产业部门的碳减排责任构成;然后,运用非竞争型投入产出表对中国各产业部门进出口贸易中的隐含碳进行测度,从国际贸易隐含污染排放转移的视角分析了进出口对中国各产业部门碳排放的影响。

6.1 中国产业部门碳减排紧迫性研究

6.1.1 中国产业部门的能源消费规模与结构分析

1. 规模分析

中国在经历了几十年的经济高速增长之后,已然成为世界能源消耗大国,从1980年的58 587万吨标准煤的能源消费量上升至2010年307 987万吨标准煤的消费量,高达1980年能源消费总量的5.26倍。而且中国当前正处于工业化、城镇化加速发展时期,初级能源消费总量将不断攀升。据《BP世界能源统计2012》报告,2011年全球一次能源消费增长2.5%,而中国对全球能源消费增量的占比就达到71%。从表6-1可以看出,2011年中国是世界第一大能源消耗国,其一次能源消费量为2 613.2百万吨油当量,高达世界能源消费总量的21.3%;从世界各国2010—2011年一次能源消费变化情况,美国、日本等大多数发达国家的能源消费为负增长,巴西、俄罗斯等发展中国家的能源增量也不超过5%,而中国的一次能源消费较2000年而言增长了8.8%,大大超过了2.5%的世界一次能源消费增长水平。

表 6-1 2011 年世界一次能源消费比较

	2011 年能源消费量 （百万吨油当量）	2010—2011 一次能源消费变化情况	各国能源消费 占世界总量比重
中国	2 613.2	8.8%	21.3%
美国	2 269.3	−0.4%	18.5%
日本	477.6	−5.0%	3.9%
德国	304.5	−5.0%	2.5%
英国	198.2	−5.2%	1.6%
法国	242.9	−3.5%	2.0%
意大利	168.5	−2.6%	1.4%
加拿大	330.3	4.6%	2.7%
印度	559.1	7.4%	4.6%
巴西	266.9	3.5%	2.2%
俄罗斯	685.6	2.5%	5.6%
世界总计	12 272.7	2.5%	100%

数据来源：BP Statistical Review of World Energy, June 2012。

2. 结构分析

从能源消费结构图 6-1 来看，2002—2011 年中国煤炭消费在能源消费总量中一直占相当大的比重，历年来均高达百分之七十以上，可见原煤消费是中国最主要的能源消费形式；石油是仅次于煤炭的第二大能源消费类型，所占比重平均约为20.39%，十年间中国的石油消费总体呈下滑趋势（2010 年除外），从 2002 年的23.4%下降到 2011 年的 17.67%；天然气消费所占比重从整体上看呈现出上升趋势，但上升的幅度很小，占总能源消费的比重仍然甚微，平均约为 3.32%；水电、核电及其他能发电所占比重从 2002 年的 2.6%上升到 2012 年的 7.44%，有较大幅度的提高，但与煤炭、石油消费量相比仍有很大的差距。

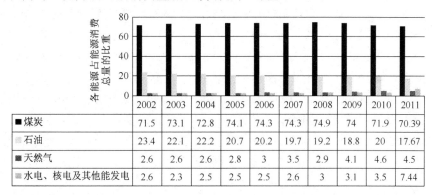

	2002	2003	2004	2005	2006	2007	2008	2009	2010	2011
■煤炭	71.5	73.1	72.8	74.1	74.3	74.3	74.9	74	71.9	70.39
□石油	23.4	22.1	22.2	20.7	20.2	19.7	19.2	18.8	20	17.67
■天然气	2.6	2.6	2.6	2.8	3	3.5	2.9	4.1	4.6	4.5
▨水电、核电及其他能发电	2.6	2.3	2.5	2.5	2.5	2.6	3	3.1	3.5	7.44

图 6-1 2002—2011 年中国能源消费结构图

数据来源：根据《2011 年中国能源统计年鉴》数据绘制。

概括而言,中国"富煤、少气、缺油"的自然禀赋条件使中国的能源消费呈现出一种以煤为主,清洁能源匮乏的高碳消费结构,煤炭消费是温室气体排放的主要来源,因此,当前能源消费结构对碳排放会产生可以预料的不利影响,使得我们在解决环境污染和应对气候变化方面的形势会异常严峻。

表6-2 2011年中国与世界主要发达国家能源消费结构对比①

	石油	天然气	煤炭	核能	水电	可再生能源	总计
中国	461.8 (17.67)	117.6 (4.50)	1 839.4 (70.39)	19.5 (0.75)	157 (6.01)	17.7 (0.68)	2 613.0
美国	833.6 (36.73)	626 (27.59)	501.9 (22.12)	188.2 (8.29)	74.3 (3.27)	45.3 (2.00)	2 269.3
日本	201.4 (42.17)	95 (19.89)	117.7 (24.64)	36.9 (7.73)	19.2 (4.02)	7.4 (1.55)	477.6
德国	111.59 (36.65)	65.3 (21.45)	77.6 (25.49)	22.4 (7.36)	4.4 (1.45)	23.2 (7.62)	304.5
英国	71.6 (36.13)	72.2 (36.34)	30.8 (15.54)	15.6 (7.87)	1.3 (0.66)	6.6 (3.33)	198.1
法国	82.9 (34.13)	36.3 (14.94)	9 (3.71)	100 (41.17)	10.3 (4.24)	4.3 (1.77)	242.8
意大利	71.1 (42.20)	64.2 (38.10)	15.4 (9.14)	—	10.1 (5.99)	7.7 (4.57)	168.5
加拿大	103.1 (31.21)	94.3 (28.55)	21.8 (6.60)	21.4 (6.48)	85.2 (25.79)	4.4 (1.33)	330.2

数据来源:BP Statistical Review of World Energy, June 2012.

表6-2显示了2011年中国的能源消费结构与美国、日本等世界主要发达国家之间的差异:首先,2011年中国煤炭消费占总能源消费的比重高达70.39%,据《BP世界能源统计2012》报告,2011年在美国、日本等国家煤炭消费量下降的情况下,中国煤炭消费增长了9.7%,此外,2011年全球煤炭产量增长了6.1%,而中国(增长8.8%)贡献了69%的全球煤炭产量增长,中国已成为世界上最大的煤炭生产国和消费国;其次,中国的石油消费所占比重为17.67%,远低于主要发达国家32.37%的平均水平,而且据统计2011年全球约三分之二的石油贸易量增长源自中国,中国的石油净进口量增长13%(600万桶/日),这说明中国的石油资源匮乏,石油消费无法自足,很大程度上依赖于进口;再次,天然气、核能消费比重又过低,所占比重分别为4.5%、0.75%,与发达国家23.34%、9.85%的比例相差甚远,这

① 表中括号外数据表示消费绝对量,其中石油消费以百万吨为单位计量、其他燃料以百万吨油当量为单位计量;括号内数据表示消费量比重,单位为%。

说明中国在清洁能源的开采和利用方面与发达国家相比有很大的差距;最后,放眼于全球,2011 年各种可再生能源在全球能源消费中所占比例从 2001 年的 0.7% 上升至 2.1%,而中国的可再生能源消费量仅占总能源消费的 0.68%,远远落后于世界水平。由此可见,中国的能源消费结构与发达国家相比有很大的改进空间,亟须优化。

6.1.2　中国产业部门的二氧化碳排放现状分析

改革开放以来,中国经济实现了持续稳定快速的增长,此过程严重依赖能源和资源的投入,再加上中国以煤为主的能源消费结构,使得中国经济飞速发展的同时二氧化碳排放量也不断激增,从 1990 年的 25.1 亿吨持续上升至 2011 年的 97 亿吨。由图 6-2 可看出,1990—2000 年期间中国的碳排放量相对比较平稳,增幅不大;而从 2000 年开始,中国的碳排放量就呈现出持续攀升的态势,并于 2006 年以 65.1 亿吨的二氧化碳排放量超过美国(58.4 亿吨),首度成为全球最大的二氧化碳排放国,自此到 2011 年中国一直是世界碳排放量最大的国家。

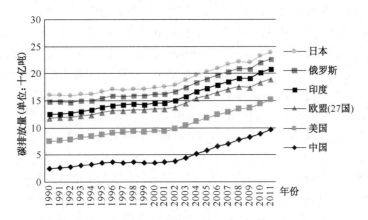

图 6-2　1990—2011 年世界主要碳排放国 CO_2 排放量

数据来源:根据《*Trends in global CO₂ emissions 2012 report*》数据绘制。

欧盟联合研究中心(JRC)和荷兰环境评估署发布的报告称,2011 年全球二氧化碳排放量上升 3% 至 340 亿吨,其中,中国二氧化碳排放量增加 8 亿吨(2010 年的 9%),至 97 亿吨,占全球碳排放量的 29%;美国二氧化碳排放量减少 1.1 亿吨(2010 年的 2%),至 54.2 亿吨,占全球碳排放量的 16%;欧盟占全球碳排放量的比重为 11%,比 2010 年下降了 3%;印度碳排放量比去年增加了 6%,占全球碳排放量的比重为 6%;俄罗斯碳排放量比去年增加了 3%,占全球碳排放量的比重为 5%;日本占全球碳排放量的比重为 4%,比 2010 年下降了 1.58%。这组数据表明,无论是从绝对量还是从相对量上进行比较,中国都是全球最大的二氧化碳排放国,是全球二氧化碳排放量增加的最大贡献国;从增长趋势上来看,美国、日本、欧盟等国家在 2011 年二氧化碳排放量较 2010 年有所下降,实现了负增长,而中国、印度、俄罗斯等国的排放量有所增长,且中国的增幅最大。

6.1.3 中国产业部门碳减排的紧迫性分析

1. 国际社会压力

(1) 全球气候变暖,国际舆论压力不断

根据政府间气候变化专门委员会发布的《气候变化 2007:综合报告》(IPCC:Climate Change 2007)显示:在过去的 100 年(1906—2005 年)中,全球地表平均温度上升了 0.74℃;海洋升温引起海水热膨胀,造成 20 世纪全球海平面上升约 0.17 m;1978 以来北极年平均海冰面积以每十年 2.7%的速率退缩,南北半球的山地、冰川和积雪平均面积也呈现退缩趋势。报告还指出,工业化时代以来,部分已观测到的全球平均温度的升高是由于人为温室气体浓度增加所导致,人类活动的净效应是气候变暖的重要原因之一。而人类活动造成的温室气体中,CO_2 排放占据 77%,因此 CO_2 排放是全球应对气候变化的浪潮中的重中之重。

上述对中国近年来能源消费及二氧化碳排放量的统计分析就是最好的证明。2006 年以来中国一直是全球第一大二氧化碳排放国,这使中国参与国际气候谈判面临着巨大的压力和来自发达国家的多重挑战,2009 年的哥本哈根气候大会上中国面临巨大的碳减排世界舆论压力。

在碳减排责任的问题上,各国的认识相差甚远,大致分为发达国家和发展中国家两大阵营。发达国家已完成工业化格局,碳排放量明显下降,因此总是强调把碳排放的责任归咎于快速增长的发展中国家;而发展中国家则从人均排放量、历史排放量等角度证明碳排放责任应该由发达国家承担。在这样的氛围下,中国作为世界最大的能源消费国和碳排放国,将不得不站在聚光灯下,而全世界的眼光会"可持续"地盯住中国。中国在"碳排放"问题上的处境非常不利:发达国家认为发展中国家尤其是中国、印度等温室气体排放大国不承担强制性的碳减排义务是不公平的,"共同但有区别的责任"原则意味着发展中国家承担的是不同的减排义务而不是不承担义务,因此,在第二个承诺期内,发展中国家须承担强制性的碳减排义务以真正符合"共同但有区别的责任"原则。而由于发展条件的差异,中国的碳减排压力在众多发展中国家中也是较大的:俄罗斯以及独联体国家拥有丰富的核能资源和发达的核技术;印度的气候情况决定其供暖耗费很小;而巴西等国家由于有世界最大的热带雨林固碳,也不会有太大的压力。

可见,"碳排放"问题中针对中国的博弈在不断升级,如何合理地考量中国的碳排放总量和构建公平的碳减排方案,已成为在国际气候变化舞台上维护中国利益必须回答的问题。

（2）贸易保护主义抬头,碳关税势不可挡

现阶段发达国家纷纷推行绿色的财政、税收政策,他们所制定的与碳相关的环保标准也在不断提高,各国相继开始征收碳税,碳税主要是针对国内企业生产过程中的碳排放而征收的税种。早在 1991 年,挪威开始对所有的二氧化碳排放的65％征收碳税;丹麦在 1993 年开始征收二氧化碳税,并于 1996 年扩展为三个与能源有关的税种:二氧化碳税、二氧化硫税和能源税;荷兰则于 1996 年开始实施能源调节税,包括燃料油、汽油、液化石油气、天然气和电力,目的在于通过能源使用成本的增加降低能源使用对环境的影响;英国于 2001 年开始征收气候变化税。

目前,为了迫使发展中国家减少碳排放,一些发达国家开始征收碳关税,其主要征收对象是碳排放密集产品,换言之,碳关税主要针对中国等低端、高碳出口产品的发展中国家。2009 年 6 月 26 日美国国会众议院通过的《美国清洁能源安全法案》(ACES),提出未来将对中国、印度、巴西等尚未承担碳减排目标的发展中国家征收惩罚性的碳关税。法国从 2010 年 1 月 1 日起对石油能源的使用按照每排放一吨二氧化碳付费 17 欧元的标准征收关税。事实上,"碳关税"在解决全球变暖问题上的效用令人质疑,有可能会偏离了防止全球继续变暖这一减排的终极目标,某种程度上碳关税将演变成一种贸易壁垒,成为面临进口竞争的国内企业的一项保护措施,损害到了广大发展中国家利益。

欧美国家借由气候环境问题征收"碳关税",中国作为世界第一大出口国,深受其害。一旦开征"碳关税",各个国家实施符合自己利益的碳标准,势必会引发贸易大战。由于出口贸易是中国经济快速增长的一个重要因素,因而受国际形势的影响很大,碳关税的征收将使中国出口面临负面冲击。但是中国的话语权有限,能做的就是做好充分的准备,尽量降低中国碳排放总量。

2. 国内压力

（1）国内发展加速,碳减排形势严峻

虽然在过去的几十年中中国的经济发展取得了卓越的成效,但这并未改变中国是最大的发展中国家这一事实,与发达国家相比有很大的差距,发展依然是当前的第一要务。目前中国正处在工业化、城镇化加速发展的重要阶段,各个领域的发展均需要大量的能源消费作为支撑,再加上中国人口众多,未来中国的能源需求还将继续增长,碳排放也将呈现持续增长的态势。我们面临一种进退维谷的处境,能源与环境的压力在不断上升,已经成为中国粗放的经济和贸易增长方式的严厉约束。近年来中国的出口贸易对中国的经济发展做出了长足的贡献,而由于中国生产技术等条件的限制,中国的出口产品附加值低,处于产业链的下端,高污染、高能耗产品大量生产与出口的格局短时间内无法改变,这进一步加剧了中国的能源消耗和碳排放量的增加。此外,随着能源需求与本国能源供应缺口的不断扩大,中国越来越依赖能源的进口,能源安全问题日渐凸显。虽然国际贸易能够弥补国内能源供给的不足,但是对外依存度的上升会对中国的能源安全构成了现实的、日益严重的威胁:区域能源供应多元化的减少以及对脆弱的供应通道依赖性的逐渐增加,都会增加供给中断和金融因素对国际油价的潜在影响,这意味着中国将为了保障能源安全付出巨大的努力和成本,中国的能源安全形势以及中国的经济发展受到的能源约束是值得思考的。

中国高速度的经济增长、庞大的基础设施建设、大规模的居民消耗以及对发达国家高碳产业的承接,都面临着碳排放量不断上升与碳减排责任持续加重的双重压力。由此可见,在全球气候变暖与化石能源稀缺性和污染性的"双重制约"下,基本国情和发展阶段的特殊使中国在碳减排问题上面临着比其他国家更大的挑战。如何在保证现有经济发展状况的前提下,控制国内温室气体排放的增长速度,减小国家需要承担的减排压力,是中国亟待解决的难题。而二氧化碳排放量占人为温室气体排放总量70%以上,因此如何减缓二氧化碳排放速度是解决这一难题的关键所在。

(2) 极端气候事件频发,碳减排迫在眉睫

近50年来中国极端气候事件频发,如全国范围内与异常偏暖相关的暖夜、暖昼日数明显增多,夏季高温热浪不断;北方地区干旱加剧,干旱面积和强度都有增加趋势;全国平均暴雨和极端强降水事件频率和强度有所增长,特别是长江中下游和东南地区、西北地区有较明显增长;海平面不断上升,海水温度升高导致近海生态系统退化;冰川积雪融化,某些高原内陆湖泊水面升高等一系列事件接踵而至。而气候变化对中国的影响已经不仅仅是气候系统本身的问题,对中国的生态环境、经济发展、生存条件都存在致命的破坏。气候变化可能会使生态系统的脆弱性大大增加,破坏了中国物种多样性,尤其是对中国的稀有物种造成威胁;海平面的不断上升将加重风暴潮、赤潮、咸潮入侵与盐渍化等海洋灾害;城市大气污染严重,影响居民生活质量。

全球变暖使我们的生存和发展受到了严重的威胁,而全球气候变暖的罪魁祸首正是二氧化碳、二氧化硫等温室气体的大量排放,因此我们要对二氧化碳等有害气体的排放予以高度重视并加以控制,尽量减少温室气体的排放,使未来的经济发展要在工业化与清洁化、发展与环境之间寻求平衡,以求得更深远的发展。

6.2 中国产业部门碳减排责任分配优化研究

目前,国际社会所统计的碳排放数据(如 IPCC 公布的国家碳排放数据、联合国气候变化框架公约计算的碳排放数据等)大多是基于"生产者责任"计算的,这一方法针对商品生产而言,不考虑消费端本国消费和出口消费的差异,极易造成污染

排放转移和"碳泄漏"等现象。如果按照这一原则计算中国的碳减排责任,对中国是极为不利的,而且有失公平。这种不公平性主要体现在两点:其一,中国不仅仅是碳排放大国,也是国际贸易的大国,中国出口导向的经济发展模式,尤其是高能耗产品的出口,使得国际贸易成为影响其温室气体排放不可忽略的因素。中国每年碳排放总量中,除了满足国内最终需求之外,还要同时服务于出口商品的生产,而中国生产供别国消费的商品所造成的碳排放却被计算在自己的排放清单中,这显然是不合理的。发达国家通过从发展中国家进口商品来替代国内生产或将污染排放强度高的产业及生产过程转移到发展中国家,从而减少本国碳排放,中国为发达国家承担的转移排放应归咎于发达国家;其二,该测算方法忽略了加工贸易的影响,中国生产过程中的中间投入有从国外进口的部分,而中国生产过程中的碳排放强度高于国外,所以实际碳排放量小于国产排放系数计算所得的碳排放量,因此剔除这部分的影响对中国而言更为有利。此外,一些观点认为国际贸易促进了中国经济的增长,中国应为出口所造成的碳排放承担部分责任。由此可见,对中国而言,碳减排责任的合理界定要考虑到国际贸易所造成的转移碳排放及这部分碳排放责任在生产者和消费者之间的分配问题。合理地界定碳减排责任有利于制定公平的减排义务分担体系,从而实现碳减排目标。而对于中国碳排放的深入研究,一方面能为中国制定控制和减少碳排放的相关政策提供重要依据;另一方面对于中国应对国际气候谈判,争取更大的碳排放空间具有现实意义。

本部分首先从公平性和减排效果两方面,比较三种碳减排方案的优劣性,构建生产者消费者共担的碳减排责任分配优化模型。该优化模型考虑到了商品贸易和加工贸易对中国碳减排责任测度的影响:一方面剔除了进口中间投入品的影响;另一方面将碳减排责任在生产者和国内外消费者之间进行合理分配。接着根据建立的责任分配模型对中国各产业部门的碳减排责任进行实证分析,得出各产业的生产者责任、国内最终消费者责任及国外最终消费者责任。

6.2.1　产业部门碳减排责任的测算与分配方法

1. 测算方法概述

(1) 基于"生产者责任"原则的测算

传统的基于领土范围的"生产者负担"原则,要求生产者为其生产过程中造成的污染支付费用,该原则可以追溯到 20 世纪 70 年代公认的污染者自付原则:生产者从生产中获得收益,理应对其生产过程中所产生的不利副产品(污染)负责。再加上从生产者角度对碳减排责任进行界定,方便统计与监测,并对生产减排有强烈和直接的激励作用,有利于环境政策目标的实现。因此,目前国际社会所统计的碳排放量数据及对碳减排责任的测度(如政府间气候变化专门委员会(IPCC)、联合国气候变化框架(UNFCC)、《京都议定书》等)大多是基于"生产者责任"计算的,这意味着一国国界内的生产和服务造成的碳排放将纳入该国排放清单,而由出口贸易引起的碳排放则由出口国承担。

该原则不考虑污染排放产品的最终归属,忽略了国际贸易下消费品生产国和消费国地域上的分离对国家排放清单造成的影响,对产品出口国而言,显失公平。而且在这种计量原则下,一些国家(主要为发达国家)可以通过进口国外制造的商品来代替国内生产,从而形成高标准的生活水平与低污染排放水平相伴的现象,而另外一些为其他国家生产商品的国家(主要为发展中国家)就不得不为这部分出口的污染排放买单,这就是"污染排放转移";更糟糕的是,发展中国家的生产技术水平、能源利用效率、清洁工艺等都远远落后于发达国家,因此从全球角度来看,碳密集型商品的生产转移非但没有达到减排的效果,反而造成了更大的排放污染,形成"碳泄漏"。由此可见,无论是从方案设置的公平性还是从其减排效果来看,基于"生产者负担"原则的碳减排责任分配方案都存在着一定的缺陷。

(2) 基于"消费者责任"原则的测算

鉴于"生产者负担"原则下碳减排责任分配方案的不足,"消费者负担"原则被应势提出。在以国内消费为基础的碳排放量测算体制下,一国碳排放量是在国内生产基础上对进出口贸易的碳排放量进行调整(Peters & Hertwich, 2008),即消费 = 生产－出口＋进口,它是从最终需求角度出发,对国内消费者碳排放责任和国外消费者碳排放责任加以区分,提供了一个生产国和消费国共同承担环境责任的基础,解决了因消费品的生产国和消费国地域分离而导致的碳排放归属权问题。该原则意味着一国出口产品供别国消费时,该产品所隐含的碳排放量应纳入进口国,这对出口国,尤其是贸易依存度较大的国家而言更为公平。

较"生产者负担"原则而言,"生产者负担"原则的优势在于能够突破地理范围的限制,解决碳捕获和存储以及国际贸易活动所产生的 CO_2 的归属国等问题,因此在国际分工以及全球化背景下,"消费者负担"下碳减排责任分配方案较"生产者负担"原则而言更能体现出分配的公平性。但是该原则下分配方案的弊端在于其单纯地从消费者角度出发,无法调动生产者节能减排的积极性,减排效果令人质疑。

(3) 基于"生产者和消费者共担"原则的测算

"消费者负担"原则下的碳减排责任分配方案相对于"生产者负担"原则下的碳减排责任在公平性上有所改善,但在减排效果上仍没有进展。最近,一些学者提出了"生产者和消费者共担"的原则,该原则下的碳减排责任分配方案要求商品的生产者和消费者共同承担某一产品从最初生产到最终消费过程中的碳排放责任,该种做法主要出于以下考虑:商品生产者所选择的商品及采用的生产工艺对生产过程中产生的碳排放有直接影响,而这种选择同时也取决于消费者的购买意愿,由此可见,商品生产是生产者和消费者共同作用的结果,随之产生的污染理应由双方共同承担。在国际贸易的情境下,出口贸易在为进口国提供便利的同时也为出口国创造了经济产值和就业机会,因此这部分的污染排放也应该由两国共同承担。

第三种分配方案在公平性和减排效果上都优于前两种:一方面,该方案考虑到了生产者和消费者对商品生产的共同影响,使双方共同承担碳减排责任,在国际贸易情形下使最终产品的生产国和消费国共同承担碳减排责任,充分体现了分配方案的公平性;另一方面,它从生产者和消费者双重角度对碳减排责任进行分配,对生产和消费两个环节的减排都有直接的激励作用,易于达到预期的减排效果。但这种分配方案的关键问题在于生产者和消费者如何共同承担碳减排责任,责任在二者之间如何才能实现合理分配。下一部分力求寻找一个使碳减排责任在生产者和消费者之间实现合理分摊,同时避免重复计算问题的分配方案。

2. 碳减排责任测算模型的构建

一个产业部门的碳排放量不仅包括本部门商品生产所引发的直接碳排放,还包括与之生产相关的其他部门商品生产所引发的间接碳排放。因此,采用投入产出法进行研究,根据全国投入产出表的平衡关系可建立按行业的投入产出数学模型:

$$X = AX + Y \qquad (6-1)$$

由此可得:

$$X = (I - A)^{-1} Y \qquad (6-2)$$

其中, X 为国内总产出向量; Y 为社会最终产品向量; $A = \left\{ \dfrac{x_{ij}}{x_j} \right\}$ 为直接消耗系数矩阵, x_j 表示 j 部门生产的总产品, x_{ij} 表示 j 部门为生产一定数量的总产品所消耗的 i 产品的数量; $(I - A)^{-1}$ 为列昂惕夫逆矩阵,又称完全需求系数矩阵。设 C_i^d 为部门 i 的直接碳排放量, c 为国内单位总产出的直接碳排放强度矩阵,其中每一个元素 $c_i = \left\{ \dfrac{C_i^d}{X_i} \right\}$ 代表行业 i 单位产值的碳排放量,则以"生产者负担"原则测度的一国所需承担的碳减排责任为

$$C = c (I - A)^{-1} Y \qquad (6-3)$$

作为开放的经济系统,一国最终需求不仅包括国内生产供应,还包括从国外进口的产品,而进口的产品部分用于国内最终使用,部分用于国内生产投入。因此,在开放经济条件下的投入产出分析中,总需求和总产出的关系式由方程(6-4)、(6-5)、(6-6)给出:

总需求=中间投入需求+国内最终需求+出口需求 　(6-4)

总产出=国内总产出+进口需求 　(6-5)

$$总需求＝总产出 \qquad (6-6)$$

用矩阵形式可表示为：

$$X = AX + F + E - M \qquad (6-7)$$

该式中 X 表示总产出向量，F 表示国内最终需求向量，E 表示出口需求向量，M 表示进口需求向量，A 是由中间投入系数 a_{ij} 构成的直接消耗系数矩阵。由于进口产品一部分作为中间投入使用，另一部分作为最终消费，则进口矩阵可拆成：

$$M = \hat{m}_1 AX + \hat{m}_2 F \qquad (6-8)$$

其中，$\hat{m}_1$、$\hat{m}_2$ 是一个对角矩阵，其主对角线上的每一个分量分别由部门 i 进口产品作为中间投入占总中间投入的比重及进口产品作为最终需求使用占总最终需求的比重构成。将式(6-8)代入式(6-7)得：

$$X = (I - \hat{m}_1)AX + (I - \hat{m}_2)F + E \qquad (6-9)$$

将式(6-9)调整可得：

$$X = [I - (I - \hat{m}_1)A]^{-1}[(I - \hat{m}_2)F + E] \qquad (6-10)$$

则总碳排放责任可表示为：

$$C = c[I - (I - \hat{m}_1)A]^{-1}(I - \hat{m}_2)F + c[I - (I - \hat{m}_1)A]^{-1}E \qquad (6-11)$$

从上式可知，"消费者承担"原则下的碳排放责任可分解为由国内消费所应承担的碳排放责任 r_1 为 $c[I - (I - \hat{m}_1)A]^{-1}(I - \hat{m}_2)F$ 和由国外消费所应承担的碳排放责任 r_2 为 $c[I - (I - \hat{m}_1)A]^{-1}E$。

各产业部门都存在自身的生产者和消费者，从"生产者和消费者共担"原则出发，某一产业部门既要对使用其产品的下游产业负责，也要对为其产品生产提供投入品的上游生产者负责。因此，在考虑生产者和消费者对碳排放的共同影响时，要分清各产业部门作为生产参与者（生产者或消费者）的责任，就需要明确该部门在产业链中的位置及各产业之间的关系。为了平衡生产者和消费者对产品从生产到消费整个过程中碳排放所应承担的共同责任，本书采用 α-环境责任(Lenzen et al, 2007)，该方法充分考虑了各产业部门在生产与消费行为过程中产生隐含碳排放的间接效应及其部分转移机制，将某一行业生产过程中造成的碳排放按照一定的比例在该行业、该行业的所有下游行业以及最终消费者（包括国内最终消费者和国外最终消费者）之间进行分担，对式(6-9)的投入产出模型进行如下变形：

$$\begin{aligned}X &= (I - \alpha)[(I - \hat{m}_1)AX + (I - \hat{m}_2)F + E] + \\ &\quad \alpha(I - \hat{m}_1)AX + \alpha[(I - \hat{m}_2)F + E]\end{aligned} \qquad (6-12)$$

其中,α 是一个对角矩阵,对角线上每一个元素表示的是从其他行业投入的非要素中间投入量占某一行业外部总投入量(即其他行业投入的非要素中间投入量加上要素投入量之和)的比例。将上式调整可得:

$$X = [I-\alpha(I-\hat{m}_1)]^{-1}\{(I-\alpha)[(I-\hat{m}_1)AX \\ +(I-\hat{m}_2)F+E]+\alpha[(I-\hat{m}_2)F+E]\} \tag{6-13}$$

则总碳排放责任可表示为:

$$C = cX = c[I-\alpha(I-\hat{m}_1)A]^{-1}\{(I-\alpha)[(I-\hat{m}_1)AX \\ +(I-\hat{m}_2)F+E]+\alpha[(I-\hat{m}_2)F+E]\} \\ +c[I-\alpha(I-\hat{m}_1)A]^{-1}[\alpha(I-\hat{m}_2)F] \\ +c[I-\alpha(I-\hat{m}_1)A]^{-1}\alpha E \tag{6-14}$$

由式(6-14)可知,总的碳排放责任可以分为三个部分:① $c[I-\alpha(I-\hat{m}_1)A]^{-1}\{(I-\alpha)[(I-\hat{m}_1)AX+(I-\hat{m}_2)F+E]+\alpha[(I-\hat{m}_2)F+E]\}$ 表示的是作为生产者所分担的碳排放责任(S_1),其中包括中间投入造成排放污染的生产者责任、为满足国内最终需求的生产者责任、为满足国外需求的生产者责任;② $c[I-\alpha(I-\hat{m}_1)A]^{-1}[\alpha(I-\hat{m}_2)F]$ 代表国内最终消费者所分担的碳排放责任(S_2);③ $c[I-\alpha(I-\hat{m}_1)A]^{-1}\alpha E$ 则是向其他国家的出口部分,即进口国消费者所分担的碳排放责任(S_3)。

6.2.2　数据的来源与处理

本部分采用的投入产出数据是 2009 年出版的《2007 年全国 42 部门投入产出表》,2007 年全国分行业的能源消耗数据则来源于《2008 年中国能源统计年鉴》。由于投入产出表和能源统计年鉴的行业分类项不完全对应,因此根据中华人民共和国国家统计局网站上公布的国民经济行业分类标准对二者的部门分类进行调整,使二者部门分类口径一致,最终合并成 29 个产业部门。为了避免不同数据来源引起的统计标准不一问题,本部分所用的各行业进出口数据均来源于投入产出表。

各行业的直接碳排放量的计算是将各部门能源消费量按照《2008 年中国能源统计年鉴》附录四的折算标准折算成标准煤,再乘以各种能源的碳排放系数而得。接着,用各行业的直接碳排放量比上当年各行业总产值,即可得到各行业单位产值的碳排放量,计算结果如表 6-3 所示。对于进口部分的处理,由于全国投入产出表只统计了各部门总的进口产值,未区分进口的中间投入和最终使用,本书假设进口产品在各部门之间的分配与国内产品在各部门之间的比例相同,则部门 i 进口产品作为中间投入占总中间投入的比重 m_1 等于进口产品作为最终需求使用占总最

终需求的比重 m_2，均可表示为总进口与总产出加上净进口之比[①]。

表 6-3　中国 29 个产业部门单位产值的碳直接排放量

产 业 部 门	碳直接排放系数(吨/万元)
农、林、牧、渔、水利业	0.064 4
煤炭开采和洗选业	0.941 9
石油和天然气开采业	0.203 5
金属矿采选业	0.043 4
非金属矿及其他矿采选业	0.099 7
食品制造及烟草加工业	0.042 2
纺织业	0.055 3
纺织服装鞋帽皮革羽绒及其制品业	0.012 9
木材加工及家具制造业	0.021 8
造纸印刷及文教体育用品制造业	0.130 9
石油加工、炼焦及核燃料加工业	1.891 6
化学工业	0.218 8
非金属矿物制品业	0.456 7
金属冶炼及压延加工业	0.587 3
金属制品业	0.017 4
通用、专用设备制造业	0.029 1
交通运输设备制造业	0.019 6
电气机械及器材制造业	0.006 4
通信设备、计算机及其他电子设备	0.004 6
仪器仪表及文化、办公用机械	0.005 4
工艺品及其他制造业	0.042 8
废弃资源和废旧材料回收加工业	0.001 7
电力、热力的生产和供应业	2.300 9
燃气生产和供应业	0.804 3

---

① I_i^M 为行业 i 中进口作为投入中间产品部分，C_i^M 为进口作为最终产品使用部分，I_i^D 为该行业国内中间投入品，C_i^D 为国内最终消费。假设进口产品在各部门之间的分配与国内产品在各部门之间的分配比例相同，即：$\dfrac{I_i^M}{C_i^M}=\dfrac{I_i^D}{C_i^D}$，变型得 $\dfrac{I_i^M}{I_i^D}=\dfrac{C_i^M}{C_i^D}$，从而有 $\dfrac{I_i^M}{I_i^M+I_i^D}=\dfrac{C_i^M}{C_i^M+C_i^D}=$ $\dfrac{I_i^M+C_i^M}{I_i^M+I_i^D+C_i^M+C_i^D}$

续表 6-3

产业部门	碳直接排放系数(吨/万元)
水的生产和供应业	0.018 6
建筑业	0.014 1
交通运输、仓储和邮政通讯业	0.256 7
批发、零售业和住宿、餐饮业	0.033 5
其他行业	0.019 8

数据来源:根据《2007年全国42部门投入产出表》《2008年中国能源统计年鉴》和《国家温室气体排放清单指南》中碳排放缺损数据计算整理而成。

由表 6-3 可知,能源行业的单位产值碳直接排放量普遍高于非能源行业。而能源行业中,电力、热力的生产和供应业的碳直接排放系数最高,高达 2.300 9 吨/万元,石油加工、炼焦及核燃料加工业紧随其后;非能源行业中,金属冶炼及压延加工业、非金属矿物制品业这两个重工业部门的单位产值的碳直接排放量最大,交通运输、仓储及邮电通讯业次之,通信设备、计算机及其他电子设备、废弃资源和废旧材料回收加工业最小。

6.2.3　中国产业部门碳减排责任实证结果分析

根据上一部分所构建的"生产者和消费者共担"的碳减排责任模型,利用合并的投入产出表及表 6-3 各部门单位产值的碳排放量,计算出的各产业部门的碳减排责任(包括生产者碳减排责任、国内最终消费者碳减排责任、国外最终消费者碳减排责任)结果如表 6-4 所示。

表 6-4　"生产者消费者共担"的碳减排责任

产业部门	生产者碳减排责任 S_1(吨)	国内最终消费者碳减排责任 S_2(吨)	国外最终消费者碳减排责任 S_3(吨)	总碳减排责任 S(吨)
农、林、牧、渔、水利业	24 945 166.00	5 254 143.02	849 436.70	31 048 745.80
煤炭开采和洗选业	81 964 722.00	14 492 928.73	5 376 074.00	101 833 724.90
石油和天然气开采业	17 695 996.00	2 445 788.24	1 010 357.00	21 152 141.70
金属矿采选业	2 152 911.60	618 294.74	276 287.10	3 047 493.43
非金属矿及其他矿采选业	2 951 012.50	1 042 133.07	287 339.30	4 280 484.93
食品制造及烟草加工业	9 441 953.60	7 668 140.24	1 049 343.00	18 159 436.85
纺织业	10 016 896.00	6 261 856.98	5 100 169.00	21 378 922.37
纺织服装鞋帽皮革羽绒及其制品业	1 123 493.30	1 303 799.26	654 004.40	3 081 296.93
木材加工及家具制造业	1 637 253.40	1 055 200.50	498 013.10	3 190 466.95
造纸印刷及文教体育用品制造业	15 251 466.00	5 880 541.38	3 375 710.00	24 507 716.98

续表 6-4

产业部门	生产者碳减排责任 S_1（吨）	国内最终消费者碳减排责任 S_2（吨）	国外最终消费者碳减排责任 S_3（吨）	总碳减排责任 S（吨）
石油加工、炼焦及核燃料加工业	306 551 796.00	122 557 763.00	45 174 738.00	474 284 297.20
化学工业	104 510 718.00	38 026 222.05	22 237 483.00	164 774 423.40
非金属矿物制品业	63 598 086.00	45 581 323.20	8 598 138.00	117 777 547.90
金属冶炼及压延加工业	249 653 406.00	136 519 391.40	59 207 414.00	445 380 211.10
金属制品业	1 882 929.80	1 464 833.15	766 029.90	4 113 792.82
通用、专用设备制造业	6 396 292.40	5 600 493.31	1 778 706.00	13 775 491.56
交通运输设备制造业	3 399 959.10	2 970 484.39	698 995.30	7 069 438.82
电气机械及器材制造业	855 571.00	938 395.88	468 692.40	2 262 659.26
通信设备、计算机及其他电子设备	1 122 926.30	620 413.00	817 830.60	2 561 169.98
仪器仪表及文化、办公用机械	109 840.02	73 206.53	142 786.70	325 833.29
工艺品及其他制造业	1 266 074.50	1 398 307.01	534 414.50	3 198 795.98
废弃资源和废旧材料回收加工业	70 275.44	1 940.59	873.64	73 089.67
电力、热力的生产和供应业	625 934 254.00	148 931 956.90	42 272 345.00	817 138 555.50
燃气生产和供应业	5 035 311.80	3 644 388.39	602 362.50	9 282 062.67
水的生产和供应业	169 226.78	59 691.79	10 310.79	239 229.36
建筑业	2 177 546.20	6 557 461.17	52 356.65	8 787 364.05
交通运输、仓储和邮政通讯业	85 577 063.00	29 317 665.21	8 835 304.00	123 730 031.70
批发、零售业及住宿、餐饮业	10 924 562.00	4 390 399.69	1 142 597.00	16 457 559.15
其他行业	15 527 741.00	5 886 658.06	610 971.60	22 025 370.62
总计	1 651 944 450.00	600 563 820.80	212 429 083.20	2 464 937 354.00

数据来源：根据《2007 年全国 42 部门投入产出表》《2008 年中国能源统计年鉴》和《国家温室气体排放清单指南》中碳排放缺损数据计算整理而成。

首先，从总量上来看，总的生产者碳减排责任为 1 651 944 450 吨，占总碳减排责任的 67.02%；总的国内最终消费者碳减排责任为 600 563 820.8 吨，占总碳排放责任的 24.36%；总的国外最终消费者责任为 212 429 083.2 吨，占总碳排放责任的 8.62%。从比例系数来看，生产者较消费者而言应承担的碳减排责任更大。值得注意的是，在消费者碳减排责任中，国内消费者碳减排责任占 73.87%，国外消费者碳减排责任占 26.13%，超过了总消费者碳减排责任的四分之一，说明中国生产过程中为满足国外消费所造成的碳排放不容小觑。

其次，从各个部门的总碳减排责任来看，各部门总碳减排责任排名基本和

表 6-4 中的碳排放系数排名一致,单位产值的碳直接排放量较大的产业部门所承担的碳减排责任也较大。其中,电力、热力的生产和供应业,石油加工、炼焦及核燃料加工业,金属冶炼及压延加工业,化学工业,交通运输、仓储和邮政通讯业这五个部门碳减排责任最大,占总碳减排责任的 82.16%,是中国节能减排的重点对象;而仪器仪表及文化、办公用机械制造业,水的生产和供应业,废弃资源和废旧材料回收加工业碳减排责任最小。

表 6-5　国外消费者责任占碳排放总责任的比例　　　　　　　　　　(%)

农、林、牧、渔、水利业	2.74	通用、专用设备制造业	12.91
煤炭开采和洗选业	5.28	交通运输设备制造业	9.89
石油和天然气开采业	4.78	电气机械及器材制造业	20.71
金属矿采选业	9.07	通信设备、计算机及其他电子设备	31.93
非金属矿及其他矿采选业	6.71	仪器仪表及文化、办公用机械	43.82
食品制造及烟草加工业	5.78	工艺品及其他制造业	16.71
纺织业	23.86	废弃资源和废旧材料回收加工业	1.20
纺织服装鞋帽皮革羽绒及其制品业	21.22	电力、热力的生产和供应业	5.17
木材加工及家具制造业	15.61	燃气生产和供应业	6.49
造纸印刷及文教体育用品制造业	13.77	水的生产和供应业	4.31
石油加工、炼焦及核燃料加工业	9.52	建筑业	0.60
化学工业	13.50	交通运输、仓储和邮政通讯业	7.14
非金属矿物制品业	7.30	批发、零售业和住宿、餐饮业	6.94
金属冶炼及压延加工业	13.29	其他行业	2.77
金属制品业	18.62	总计	8.62

数据来源:根据《2007 年全国 42 部门投入产出表》《2008 年中国能源统计年鉴》和《国家温室气体排放清单指南》中碳排放缺损数据计算整理而成。

最后,从国外消费者碳减排责任的绝对量上来看,中国出口产品所造成的碳排放,主要集中在以下行业:金属冶炼及压延加工业,石油加工、炼焦及核燃料加工业,电力、热力的生产和供应业,化学工业,交通运输、仓储和邮政通讯业等。对照表 6-3 可以发现这几个产业部门的碳直接排放系数很大,在 29 部门中均排名前八,属于高污染型行业。这说明中国的贸易伙伴尽量避免在国内生产此类产品,对这些产品的需求主要是靠从中国进口以满足其国内需求,从而将污染排放转移到了中国。从各产业部门国外消费者碳排放责任占碳排放总责任的比例(表 6-5)来看,比例系数排名前五的行业为:仪器仪表及文化、办公用机械制造业(43.82%),

通信设备、计算机及其他电子设备制造业（31.93%），纺织业（23.86%），纺织服装鞋帽皮革羽绒及其制品业（21.22%），电气机械及器材制造业（20.71%）。这些国外消费者碳排放责任较大的部门的出口额都比较大，电子通信设备制造等产品类在中国总出口中所占的比重越来越大，从2002年开始通信设备、计算机及电子设备制造业一直是中国最大的出口部门，其对全国总体出口额的贡献由1997年的10.8%增加到2007年的22.4%；纺织业对中国的出口贡献能力也比较大，出口贸易总额一直位于前三；电气机械及器材制造业、通用专用设备制造业出口额在中国产业部门中排名前五。可见，中国对外商品出口以劳动密集型与资源密集型部门为主。因此，这些出口额大的资源密集型产业部门造成的碳排放也较大，国外消费者理应承担这部分碳减排责任。而建筑业，其他行业，废弃资源和废旧材料回收加工业，农、林、牧、渔、水利业，水的生产和供应业等行业的出口额较小，国外消费者应承担的碳排放责任也就较小。

6.3　中国产业部门贸易隐含碳核算及责任分配

中国经历了一个30多年的高速发展期，取得的成就备受世人瞩目，2011年中国的GDP达到6 988 470百万美元，是仅次于美国的世界第二大经济体，但经济高速增长的背后是以生态环境日益恶化为代价的。欧盟联合研究中心（JRC）和荷兰环境评估署2012年7月发布的报告显示，中国的温室气体排放在2006年超过美国，成为全球第一大国，并一直处在全球碳排放榜首。然而，越来越多的数据表明中国碳排放量的高速增长，除了为满足本国经济发展的需求，还与蓬勃发展的进出口贸易和巨额的贸易顺差有着不可忽视的关系。现代国际贸易发展的一个重要特点是一个国家产品（包括出口品）的生产过程中，经常有其他国家或地区的进口品作为中间投入。中国是一个贸易大国，并且经济高速增长，十分有必要研究中国经济活动与环境污染之间的关系。在经济全球化背景，一国生产的产品可能在世界其他地方消费，而自然资源消耗和污染排放对环境的破坏又主要是在生产过程中发生。因此，国际贸易可能会使生产国的能源利用和环境状况遭到一定程度的扭曲。因此，对外贸易中隐含的碳排放成为学术界和政界的焦点，对外贸易是增加还是减少了碳排放以及全球减排任务如何在各国之间进行分配等问题备受关注。

6.3.1　中国国际贸易发展状况分析

在全球化的背景下，贸易对能源、二氧化碳排放、环境的影响十分复杂：一方面，大量的出口贸易产品背后是生产国能源的大量消耗和污染的大量排放；另一方面,进口贸易产品减少了国内的能源消耗和污染排放,因此在研究碳减排责任问题之前对中国的对外贸易状况加以了解显得十分必要。

1. 贸易规模的变化

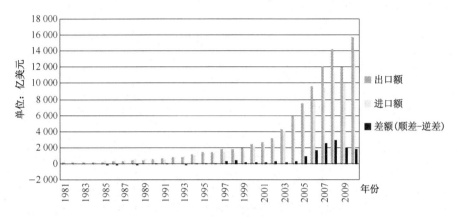

图 6-3　1981—2010 年中国贸易总量平衡状况

数据来源:根据《中国贸易外经统计年鉴(2011)》数据绘制。

从图 6-3 可知,1981 年以来,中国出口额、进口额整体上都呈现出上升趋势,但按上升幅度来看又可分为两个阶段:2001 年以前,中国进出口额的曲线很平缓,上升幅度较小,速度缓慢;2001 年之后,中国对外开放的程度逐步提高,进出口贸易额直线上升,贸易规模不断扩大,贸易顺差急速扩张。从二者差额来看,20 世纪90 年代中期以前,中国贸易大体保持在逆差或基本平衡的状态,之后常年保持顺差。2001 年中国加入 WTO 后,进出口贸易额基本保持高速增长,贸易顺差额逐年增大,进出口贸易额从 2001 年的 5 096.51 亿美元攀升至 2010 年的29 739.98亿美元,其中,出口额为 15 777.5 亿美元;进口额为 13 962.44 亿美元,进出口顺差 1 815.1 亿美元,是名副其实的贸易大国。除了 2009 年受国际大环境的影响,进出口额增长速度为负值外,其他年份一直保持正增长状态。虽然 2009 年中国进出口总额比 2008 年下降了 13.9%,但这一年中国出口额在世界排名中的位次却上升到了第一名。2010 年进出口额回升,进出口总额比 2009年增长了 34.7%。

图 6-4 是关于 1981—2010 年中国出口与进口之差与 GDP 之比的曲线图,图中的负值表明是贸易逆差,正值表明是顺差。从图 6-4 可以看到,1997—1998 年及 2005—2009 是中国贸易顺差与 GDP 之比相对较大的两个阶段。

2. 贸易结构的调整

在进出口贸易总额逐年迅速扩大的同时,中国进出口贸易结构也发生了很大的变化,这种变化主要表现为贸易方式的变化和进出口商品结构的转变。

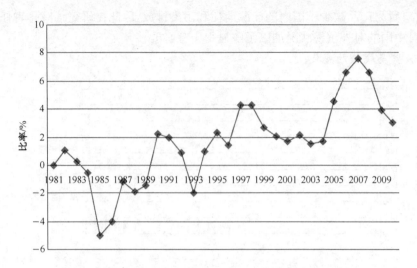

图 6-4 1981—2010 年中国出口与进口之差与 GDP 之比

数据来源:根据《中国贸易外经统计年鉴(2011)》数据绘制。

(1) 按贸易方式分类的贸易结构

贸易方式可分为一般贸易、加工贸易和其他贸易,表 6-6 是按贸易方式分类的中国进出口结构数据。

表 6-6 按贸易方式分类的中国对外贸易结构

年份	一般贸易		加工贸易		其他贸易	
	出口	进口	出口	进口	出口	进口
1981	208	203.66	11.31	15.04	0.79	1.5
1985	237.3	372.72	33.16	42.74	3.04	7.04
1990	354.6	262	254.2	187.6	12.1	83.9
1995	713.61	433.81	737.18	583.59	37.01	303.4
2000	1 051.81	1 000.79	1 376.52	925.58	63.7	324.57
2005	3 150.63	2 796.33	4 164.67	2 740.12	304.23	1 063.08
2010	7 206.12	7 692.76	7 402.79	4 174.82	1 168.63	2 094.86

数据来源:根据《中国贸易外经统计年鉴 2011》数据整理而得。

表 6-6 显示,1981 年、1985 年的一般贸易进出口额远远超过加工贸易和其他贸易,这说明改革开放初期,一般贸易是中国贸易的主要方式,加工贸易的地位相对较弱,其他贸易更是微乎其微。随着改革开放的进展,中国的进出口结构发生了很大的变化,根据表 6-6 的数据,到 1995 年时中国的一般贸易进出口总额下降到40.9%,而加工贸易上升至 47.03%,其他贸易上升到 12.1%,这说明到 20 世纪 90年代中期,中国加工贸易开始形成规模。随后中国加工贸易产业蓬勃发展并形成

了稳定的贸易结构,2010 年中国加工贸易的进出口总额从 1981 年的 26.35 亿美元增长到 11 577.61 亿美元,占中国货物进出口总额的 39%。在 1991 年至 2010 年长达 20 年的时间里,加工贸易出口总额占中国货物出口总额的比重均在 45% 以上,其中 1996 年到 2007 年间的占比高达 50% 以上,稳稳地占据了中国货物出口的半壁江山。由此可见,近年来中国的对外贸易方式是以加工贸易为主,中国对外贸易取得的巨大进步在很大程度上要归结于中国的加工贸易。

图 6-5 是关于 1981 年和 2006 年按贸易方式分类的出口结构变化的对比图,由此图可以直观地看到,中国的出口结构已经发生了很大的变化。

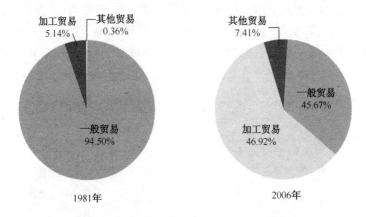

图 6-5　中国按贸易方式分类的出口结构变化对比

数据来源:根据《中国贸易外经统计年鉴(2011)》数据绘制。

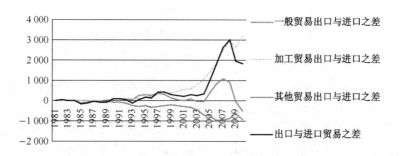

图 6-6　按贸易方式相对应的出口与进口差额

数据来源:根据《中国贸易外经统计年鉴(2011)》数据绘制,单位:亿美元。

从图 6-6 可以看出,一般贸易出口与进口之间的差额围绕零轴线上下波动,表明中国一般贸易时而为顺差状态,时而为逆差状态;加工贸易自 1989 年以来出口与进口的差额一直为正数,表明加工贸易从 1989 年起一直为顺差,且加工贸易出口与进口之间的差额呈不断扩张的趋势,1981 年加工贸易逆差额为 -3.73 亿美元,到 2010 年加工贸易顺差额高达 3 227.97 亿美元;而其他贸易自 1981 年以来出口与进口的差额一直位于零轴线的下方,表明其他贸易呈持续逆差状态,2010 年中国其他贸易逆差额为 926.23 亿美元。可见,按贸易方式来分析,中国加工贸易的出口是导致中国贸易顺差的最主要的因素,其次是一般贸易的出口,而其他贸易主要表现为贸易逆差。

(2)按进出口货物分类的贸易结构

这里的进出口货物分类分为初级产品及工业制成品两大类,两类产品分别占总贸易额的比重见图 6-7。从图中可以看出,1981 年初级产品贸易额占总贸易额的 41.6%,工业制成品的比重为 58.4%,两者比重大体相当,工业制成品比重略高;随着时间的推移,贸易结构呈现出初级产品比重持续下降,工业制成品比重持续上升的态势,到 2010 年初级产品比重下降至 17.3%,工业制成品上升至 82.7%。

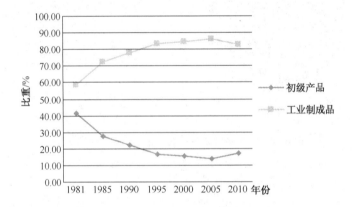

图 6-7　按进出口货物分类的贸易结构曲线图

数据来源:根据《中国贸易外经统计年鉴(2011)》数据绘制。

中国长年保持贸易顺差,出口到发达国家的大多属于劳动密集型和能源密集型产品,其所隐含的碳排放量势必对中国碳排放总量的迅猛增加产生了巨大的影响。众所周知,从货物流参与国内生产过程看,加工贸易与其他的贸易方式相比的特殊性在于:加工贸易是一种"先进口,再加工,后出口"的生产经营模式。如果将加工贸易与一般贸易的生产等同看待,都纳入中国碳排放清单,势必会夸大中国生产过程的碳排放。从本部分的统计分析可以看出中国加工贸易的占比相当可观。因此,为了更公正的界定中国的碳减排责任,有必要区分一般贸易与加工贸易。

以下部分主要基于非竞争型投入产出表来研究中国贸易中所产生的 CO_2 排放。由于竞争型投入产出模型的各生产部门产品的中间投入部分没有区分本国产品与进口产品流量表,视两者可以完全替代,这是不合理的,在计算碳排放时存在缺陷,会造成碳排放值与真实值的偏离。而所编制的非竞争型投入产出表将国内生产过程中的中间投入分成国内产品与进口产品两部分,分别得到各行业国内中间投入矩阵和进口中间投入矩阵。通过非竞争型投入产出模型的分析,可以了解国际贸易对中国的二氧化碳排放产生了何种影响,因贸易而产生的污染中有多少是本国需求产生,又有多少是外部需求产生。

6.3.2　研究方法介绍与数据处理

1. 研究方法介绍

每个部门都通过其他部门对能源多次消费,如果单单从能源一次消费的角度来分析,仅考虑能源直接消费排放的 CO_2,无法抓住使 CO_2 排放增加的关键产业,因为直接能耗高的部门的产品并非主要用于最终消费,而会作为中间产品投入到其他产品的生产过程中。因此,在度量能源消费的 CO_2 排放时,我们既要考虑到能源直接消费过程中排放的 CO_2,还要考虑到能源间接消费所排放的 CO_2。而投入产出法是一种研究和分析国民经济各部门间产品生产与消耗之间的数量依存关系的方法,是联系经济活动与环境污染问题的一种行之有效的研究方法。

投入产出表分为竞争型投入产出表和非竞争型投入产出表两类,中国国家统计局发布的为竞争型投入产出表,首先,该表假定进口产品和国内产品是可以相互替代的,因此只有一个总中间投入表,并未区分各生产部门消耗的中间投入部分以及最终使用部分(最终消费、资本形成与出口)的产品哪些是本国生产的,哪些是进口的;其次,该表在最终需求中没有区分加工出口与非加工出口。因而,不能根据此类投入产出表准确的测算进出口对中国碳排放的影响。而非竞争型投入产出表则假定进口产品和国内产品的不能相互替代,即是非竞争性的,在编制这种投入产出表时,需要把总中间投入区分为中间进口投入与国内投入两部分,构成中间进口投入使用表和国内投入使用表。鉴于此,使用非竞争型投入产出表进行分析更为可靠和真实。

（1）基本表式

表6-7　非竞争型投入产出表

投入 ＼ 产出		中间使用	最终使用					总产出
		部门 1, 2, …, n	最终消费	资本形成	出口		合计	
国内产品中间投入	1, 2, …, n	X_{ij}^d	Con_i^d	In_i^d	ex_i^d1	ex_{i2}^d	Y_i^d	X_i
进口产品中间投入	1, 2, …, n	X_{ij}^m	Con_i^m	In_i^m			Y_i^m	M_i
增加值		V_j						
总投入		X_j						

非竞争型投入产出表与竞争型投入产出表的区别是:

第一,将国内产品生产过程中的中间投入分成国内产品 X_{ij}^d 与进口产品 X_{ij}^m 两部分。

第二,最终使用部分各分为国内与国外两部分,其中 Con_i^d、In_i^d 是国内产品的消费和投资品;Con_i^m、In_i^m 是进口产品的消费和投资。出口分为一般贸易和加工贸易两部分($ex_i^{d_1}$,$ex_i^{d_2}$),进口品分为中间投入、消费、投资、加工贸易四部分。进口中间品及进口加工贸易品是作为国内产品生产过程中的中间投入。

表 6-7 中非竞争型投入产出表横向有两组均衡方程组。

式(6-15)为国内产品生产与使用量相等的方程组,国内投资、消费、出口与国内总产出关系:

$$\sum_i^n X_{ij}^d + (Con_i^d + In_i^d + ex_i^{d_1} + ex_i^{d_2}) = X_i \quad (i=1, 2, \cdots, n)$$

用矩阵表示为:

$$(I-A^D)^{-1} Y^D = X \tag{6-15}$$

其中,A^D 为国内产品的直接消耗系数矩阵;$(I-A^D)^{-1}$ 是非竞争型投入产出模型中国内产品里昂惕夫逆系数矩阵,表示一个单位最终需求所需要的国内产品的总产出;Y^D 表示本国生产的用于本国最终使用的向量;X 为总产出向量。

式(6-16)为进口产品生产与使用量相等的方程组,进口产品的投资、消费进口中间品与总进口产品的关系式为:

$$\sum_i^n X_{ij}^m + Con_i^m + In_i^m = M_i \quad (i=1, 2, \cdots, n)$$

用矩阵表示为:

$$A^M * X + Y^M = M \tag{6-16}$$

综合式(6-15)、式(6-16)可得:

$$A^M (I-A^D)^{-1} Y^D = M - Y^M \tag{6-17}$$

其中,M 为进口列向量,A^M 为进口品的直接消耗系数矩阵,$M-Y^M$ 为进口产品的中间投入部分,$A^M (I-A^D)^{-1}$ 为进口中间投入品的里昂惕夫逆系数矩阵,表示一单位最终使用所需要的进口中间产品数量;$A^M (I-A^D)^{-1} Y^D$ 表示最终需求所需要的进口中间投入。

(2)贸易隐含碳的测算

碳排放强度是指单位 GDP 所排放的二氧化碳量,将二氧化碳排放量与 GDP 相比即可得到,表达式为 $c = C_{CO_2}/GDP$,式中 c 为碳排放强度,C_{CO_2} 为某产业部门的碳排放量,GDP 为该产业部门的增加值。那么,国内单位产出 CO_2 直接排放系数向量 $c^d = \{c_j^d\} = \{C_j^d/X_j\}$,国内各产业部门的完全碳排放系数 $v^d = \{v_j^d\} = c^d (I-A)^{-1}$,$v_j^d$ 代表为获得一单位 j 部门的最终需求所产生的直接和间接的 CO_2 排放总和。则出口隐含碳的表达式为:

$$C^{ex} = v^d EX + v^d A^M (I-A^D)^{-1} EX \tag{6-18}$$

出口隐含碳由出口产品中隐含的国内碳排放 $v^d EX$ 以及中间投入品以加工贸易的形式参与国内生产,用于再出口部分所隐含的碳排放 $v^d A^M (I-A^D)^{-1} EX$ 两部分组成。

在计算进口产品隐含碳排放时,理论上应该采用进口来源国的直接排放系数矩阵来计算,但鉴于本书目的是评价贸易对中国的碳排放所产生的影响,因此从进口替代的角度出发,假定进口品按本地区的技术生产(即进口产品与本国完全碳排放系数 v^d 相等)更适合估算中国通过进口所节约的本需要国内生产所产生的 CO_2 排放量。则进口隐含碳可表示为:

$$C^{im} = v^d * M = v^d * (A^M * X + Y^M) = v^d I^M + v^d Y^M \tag{6-19}$$

进口隐含碳包括两部分:第一,进口品中间投入部分的碳排放 $v^d I^M$;第二,进口投资品、进口消费品作为国内产品替代品时,用作国内最终使用部分的碳排放 $v^d Y^M$。

贸易碳排放净差为出口隐含碳与进口隐含碳之差:$C^B = C^{ex} - C^{im}$。当 $C^B > 0$ 时,表明中国出口隐含排放量多于进口隐含排放量,即中国为贸易隐含排放净出口国;相反,当 $C^B < 0$ 时,代表中国进口隐含排放量多于出口隐含排放量,意味着中国为贸易隐含排放净进口国。

2. 数据来源与处理

以国家统计局公布的 2002 年、2005 年和 2007 年的《中国投入产出表》(采用42 部门表)为基础,编制 3 个年度的非竞争型投入产出表。各行业二氧化碳排放量等于各行业能源消耗量乘以单位能源使用相应的二氧化碳排放系数,其中各行业能源消耗总量数据来自于《中国能源统计年鉴》,以标准煤为计量单位,标准煤折算成二氧化碳排放量的折算系数采用国家发改委能源研究所公布的2.456 7 tCO₂/tce。再以各行业 CO_2 排放总量除以当年的不变价增加值,得到单位产出的 CO_2 排放量,即各产业部门直接排放系数。由于投入产出表和能源统计年鉴的行业分类项不完全对应,因此根据中华人民共和国国家统计局网站上公布的国民经济行业分类标准对二者的部门分类进行调整,使二者部门分类口径一致,最终合并成 29 个产业部门。

6.3.3 中国产业部门贸易隐含碳核算及责任分配实证结果分析

1. 各产业部门的 CO_2 排放系数

为了探究加工贸易对中国碳排放量的具体影响,本部分分别测算出 2002 年、2005 年、2007 年各产业部门竞争型投入产出表和非竞争型投入产出表所对应的 CO_2 完全排放系数,测算结果如表 6-8 所示。

表 6-8　中国各产业部门的 CO_2 排放系数　　　　单位:t/万元

产业部门＼系数	2002		2005		2007	
	竞争型投入产出表完全 CO_2 排放系数 v	非竞争型投入产出表完全 CO_2 排放系数 v^d	竞争型投入产出表完全 CO_2 排放系数 v	非竞争型投入产出表完全 CO_2 排放系数 v^d	竞争型投入产出表完全 CO_2 排放系数 v	非竞争型投入产出表完全 CO_2 排放系数 v^d
农、林、牧、渔业	1.695 8	1.401 2	1.587 0	1.230 6	1.207 4	0.985 8
煤炭开采和洗选业	5.190 0	4.760 0	5.038 0	4.355 8	3.963 3	3.572 4
石油和天然气开采业	4.865 7	4.543 0	2.906 3	2.501 0	2.356 9	2.000 8
金属矿采选业	4.418 7	3.792 3	4.217 2	3.273 9	3.043 0	2.451 8
非金属矿采选业	3.583 7	3.023 9	3.923 8	3.017 3	2.669 3	2.186 5
食品制造及烟草加工业	2.438 6	2.090 8	2.080 9	1.639 4	1.598 9	1.315 0
纺织业	3.679 8	2.904 0	3.451 0	2.611 8	2.801 8	2.281 7
服装皮革羽绒及其制品业	2.772 7	2.031 4	2.518 1	1.752 7	2.113 8	1.643 3
木材加工及家具制造业	2.903 5	2.295 0	3.013 6	2.224 6	2.197 3	1.729 8
造纸印刷及文教用品制造业	3.633 1	2.989 0	3.760 6	2.861 2	2.846 9	2.284 8
石油加工、炼焦及核燃料加工业	7.235 9	6.141 9	5.223 2	4.405 4	3.763 3	2.949 5
化学工业	6.154 8	5.196 8	5.342 8	4.199 7	4.219 5	3.431 9
非金属矿物制品业	8.816 8	8.167 6	6.765 0	5.881 0	5.160 0	4.650 7
金属冶炼及压延加工业	8.643 7	7.696 5	8.199 5	6.959 9	5.768 4	4.932 6
金属制品业	5.481 2	4.447 5	5.286 8	4.035 9	3.870 9	3.098 2
通用、专用设备制造业	4.228 4	3.202 1	4.408 1	3.161 1	3.186 6	2.378 4
交通运输设备制造业	3.968 8	2.982 8	4.031 7	2.822 8	2.877 1	2.065 6
电气机械及器材制造业	4.464 4	3.356 2	4.404 5	3.080 8	3.494 1	2.579 5
通信设备、计算机及其他电子设备制造业	3.177 0	1.804 0	3.415 0	1.658 5	2.407 9	1.237 3
仪器仪表及文化、办公用机械制造业	3.647 7	2.388 9	3.626 7	2.091 0	2.551 0	1.493 8
工艺品及其他制造业	4.769 9	4.046 2	3.783 0	2.944 2	2.919 2	2.365 8

续表 6-8

产业部门 ＼ 系数	2002		2005		2007	
	竞争型投入产出表完全 CO_2 排放系数 v	非竞争型投入产出表完全 CO_2 排放系数 v^d	竞争型投入产出表完全 CO_2 排放系数 v	非竞争型投入产出表完全 CO_2 排放系数 v^d	竞争型投入产出表完全 CO_2 排放系数 v	非竞争型投入产出表完全 CO_2 排放系数 v^d
废弃资源和废旧材料回收加工业	0.000 0	0.000 0	0.070 0	0.070 0	0.316 6	0.239 7
电力、热力的生产和供应业	6.176 3	5.719 4	4.978 5	4.111 5	4.027 9	3.585 9
燃气生产和供应业	7.883 0	7.243 5	5.440 3	4.679 3	3.553 4	2.798 9
水的生产和供应业	4.877 5	4.473 5	4.132 9	3.541 0	3.338 7	3.020 4
建筑业	4.132 8	3.293 6	3.757 1	2.871 4	3.352 7	2.732 3
交通运输、仓储和邮政业	4.407 7	3.882 3	4.071 0	3.330 1	3.242 3	2.829 8
批发、零售业和住宿、餐饮业	1.821 5	1.469 3	1.526 0	1.192 4	1.297 2	1.076 9
其他行业	1.790 4	1.364 3	1.934 6	1.314 9	1.342 1	1.021 8
平均强度	4.374 5	3.679 6	3.892 9	3.028 3	2.947 8	2.377 3

数据来源：根据 2002 年、2005 年和 2007 年《全国 42 部门投入产出表》和《中国能源统计年鉴》相关数据计算整理而成。

从表 6-8 各年以竞争型投入产出表和非竞争性投入产出表所测算出的系数的对比分析可以看出，中国碳排放系数被高估，碳减排责任被夸大：各产业部门以竞争型投入产出表为基础测算的完全碳排放系数 v 均高于根据非竞争型投入产出表测算出的数值 v^d。如果以竞争型投入产出表为基础测算，即不考虑进口中间投入品对隐含碳排放的影响，中国的完全碳排放系数会比实际值偏大，隐含碳排放量会被高估，从而不能准确地测算出中国对外贸易中的隐含二氧化碳排放量。而现行对各国碳排放清单的测算体制是建立在本土生产的假设下，不考虑进出口贸易（当然也不考虑加工贸易）对碳排放的影响，将加工贸易产品的碳排放按国内技术标准测度，夸大了国内的实际碳排放，碳减排责任也随之被放大。与此同时，这从侧面反映了发达国家通过加工贸易将碳排放转移到发展中国家，逃避碳减排责任的现象。分行业看，按竞争型投入产出表和非竞争性投入产出表测算的系数差异最大的行业是通信设备、计算机及其他电子设备制造业，仪器仪表及文化、办公用机械制造业，电气机械及器材制造业等行业，这些行业的共同特征是加工贸易较为发达。

从各产业部门 CO_2 排放系数的横向比较来看，这 29 个行业的二氧化碳排放强度之间存在显著的差异，下面将各个行业按照历年碳排放强度的大小进行归类，碳排放强度最大的一组归为碳排放高危行业，数值居中的一组归为碳排放关注行业，数值最小的一组归为碳排放安全行业。从上表可以清楚地看出，中国工业行业中单位 GDP 碳排放量最大的行业分别是:非金属矿物制品业,金属冶炼及压延加工业,燃气生产和供应业,煤炭开采和洗选业,交通运输、仓储和邮政业,石油和天然气开采业,石油加工、炼焦及核燃料加工业,化学工业,电力、热力的生产和供应业,水的生产和供应业等共计 10 个行业,属于碳排放高危行业。碳排放强度最小的行业分别是:废弃资源和废旧材料回收加工业,批发、零售业及住宿、餐饮业,农、林、牧、渔业,其他行业(金融服务业、房地产业、文化体育娱乐业等),仪器仪表及文化、办公用机械制造业,食品制造及烟草加工业,通信设备、计算机及其他电子设备制造业,服装皮革羽绒及其制品业,电气机械及器材制造业和木材加工及家具制造业这 10 个行业,属于碳排放安全行业。其余的造纸印刷及文教用品制造业,纺织业等 9 个行业碳排放强度介于碳排放高危行业和安全行业之间,属于为碳排放关注行业。

从时间轴上的动态变化看,中国 2002 年到 2007 年期间各产业部门的二氧化碳排放系数呈下降趋势,各产业部门以非竞争型投入产出表测算的完全 CO_2 排放系数平均值从 2002 年的 3.679 6 吨/万元下降至 2005 年的 3.028 3 吨/万元,再进一步下降至 2007 年的 2.377 3 吨/万元,这说明近年来中国各行业在节能减排方面所做的工作卓有成效。近年来,中国意识到了节能减排的重要性,大力提倡发展低碳经济,在"十一五"规划中明确提出"单位国内生产总值能源消耗(单位 GDP 能耗)降低 20%"的指标,并采取了一系列的措施加以落实。此外,"两高一资"产品出口退税率的逐步降低和取消,提高了"两高一资"产品生产的成本压力,促进了中国各产业部门 CO_2 排放系数降低。

2. 中国对外贸易的隐含碳排放测算结果与分析

本部分计算了 2002 年、2005 年和 2007 年度出口产品中的隐含 CO_2 排放量 C^{ex}、进口产品中的隐含 CO_2 排放量 C^{im} 和贸易隐含 CO_2 净差 C^B 如图 6-8 所示。

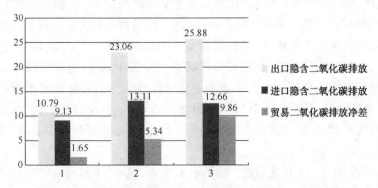

图 6-8 中国 2002、2005、2007 年度对外贸易隐含 CO_2 排放量

数据来源:根据《2002 年全国 42 部门投入产出表》《2005 年全国 42 部门投入产出表》和《2007 年全国 42 部门投入产出表》相关数据计算整理而成。

2002—2007 年间,中国出口贸易量迅速增加,出口隐含 CO_2 排放量也随之呈现出快速增长趋势,从 2002 年的 10.79 亿吨上升到 2005 年的 23.06 亿吨,再上升为 2007 年的 25.88 亿吨,五年内增加了 15 亿吨,这反映了中国出口的快速增长对中国碳排放总量的增加产生了重要影响,庞大的出口量在为中国经济做出贡献的同时也带给了中国巨大的减排压力。2005 年进口产品中的隐含 CO_2 比 2002 年增加了近四亿吨,虽然 2005 年到 2007 年间进口产品中的隐含 CO_2 有小幅度下降,但从整体上看中国进口产品中的隐含 CO_2 排放量也呈上升趋势。值得注意的是,中国 2002—2007 年间的出口隐含 CO_2 排放量均比进口隐含 CO_2 排放量多,从而导致了贸易 CO_2 排放净差均为正数,而且贸易 CO_2 排放净差呈不断扩大趋势。2002 年的进出口贸易 CO_2 排放缺口为 1.65 亿吨,2005 年扩大到 5.34 亿吨,到 2007 年则高达 9.86 亿吨。这期间,中国进出口贸易量直线上升,且一直保持较大的贸易顺差,说明进出口贸易总量和顺差规模的扩大是推动中国贸易碳排放顺差不断增加的重要原因。对出口隐含 CO_2 排放量、进口隐含 CO_2 排放量、贸易 CO_2 排放净差这三个量的分析表明,入世后,贸易中的隐含碳排放伴随着中国进出口贸易的飞速发展在迅速增长,在出口产品中隐含碳排放增加的同时,进口产品中的隐含碳排放也在增加,但由于出口隐含碳值大于进口隐含碳值,并且这个差值呈上升状态,说明中国在 2002—2007 年间保持贸易碳排放顺差,是隐含碳净出口国。即随着中国净出口的增加,中国为进口国的消费者排放了大量的 CO_2,国外消费者消耗了大量来自中国的隐含碳排放产品,将生产这些产品所需的碳排放通过贸易转移至中国,并且这种碳排放转移规模在逐年加重。决定了中国要实现"节能减排"目标离不开降低出口中隐含碳排放。

3. 中国贸易隐含碳排放的产业分布情况

表 6-9　中国进出口贸易隐含 CO_2 排放的产业部门分布　　单位:10^6 t

	2002			2005			2007		
	出口隐含 CO_2 排放	进口隐含 CO_2 排放	CO_2 排放净差	出口隐含 CO_2 排放	进口隐含 CO_2 排放	CO_2 排放净差	出口隐含 CO_2 排放	进口隐含 CO_2 排放	CO_2 排放净差
农林牧渔业	7.80	9.54	−1.74	9.04	21.20	−12.16	7.74	22.95	−15.21
煤炭开采和洗选业	8.05	1.37	6.68	12.64	5.06	7.59	9.06	6.87	2.20
石油和天然气开采业	5.81	49.78	−43.97	2.81	27.82	−25.01	3.95	115.41	−111.46
金属矿采选业	0.80	13.90	−13.10	3.89	71.03	−67.14	2.40	99.99	−97.59
非金属矿及其他矿采选业	5.26	5.38	−0.12	9.74	11.38	−1.65	3.86	6.57	−2.71
食品制造及烟草加工业	21.23	11.02	10.21	31.01	15.82	15.19	29.46	20.80	8.66
纺织业	96.06	34.92	61.14	172.82	38.08	134.74	221.53	18.67	202.86

续表 6-9

	2002			2005			2007		
	出口隐含 CO_2 排放	进口隐含 CO_2 排放	CO_2 排放净差	出口隐含 CO_2 排放	进口隐含 CO_2 排放	CO_2 排放净差	出口隐含 CO_2 排放	进口隐含 CO_2 排放	CO_2 排放净差
纺织服装鞋帽皮革羽绒及其制品业	72.88	8.69	64.19	106.81	10.35	96.46	114.44	10.00	104.43
木材加工及家具制造业	18.62	4.38	14.23	44.95	5.82	39.13	50.95	4.68	46.28
造纸印刷及文教体育用品制造业	34.67	16.95	17.72	69.02	28.55	40.47	61.72	18.93	42.79
石油加工、炼焦及核燃料加工业	18.72	31.99	−13.27	40.93	170.04	−129.11	27.80	42.77	−14.98
化学工业	130.48	186.47	−55.99	253.07	316.87	−63.80	294.05	312.48	−18.43
非金属矿物制品业	36.35	16.16	20.19	59.26	17.17	42.09	75.01	17.55	57.47
金属冶炼及压延加工业	39.22	132.86	−93.64	148.62	228.37	−79.75	289.07	213.11	75.96
金属制品业	56.76	24.05	32.71	147.10	38.55	108.54	132.43	18.11	114.32
通用、专用设备制造业	52.74	100.39	−47.64	139.80	171.12	−31.33	172.32	167.52	4.81
交通运输设备制造业	24.69	29.93	−5.24	64.73	47.53	17.20	88.16	62.03	26.12
电气机械及器材制造业	86.58	55.87	30.70	172.71	99.17	73.54	223.82	88.61	135.21
通信设备、计算机及其他电子设备制造业	135.19	100.43	34.75	410.63	220.28	190.35	414.49	201.67	212.82
仪器仪表及文化办公用机械制造业	49.02	38.49	10.53	126.00	101.57	24.43	70.53	58.70	11.82
工艺品及其他制造业	19.57	4.02	15.55	25.95	2.45	23.50	36.78	5.25	31.53
废品废料	0.00	0.00	0.00	0.00	0.54	−0.54	0.10	3.38	−3.28
电力、热力的生产和供应业	3.12	0.61	2.51	2.63	0.89	1.73	2.55	0.64	1.91
燃气生产和供应业	0.00	0.00	0.00	0.00	0.00	0.00	0.00	0.00	0.00
水的生产和供应业	0.00	0.00	0.00	0.00	0.00	0.00	0.00	0.00	0.00
建筑业	4.17	2.63	1.54	7.54	3.81	3.73	13.20	6.05	7.15
交通运输及邮政仓储业	62.68	11.34	51.34	120.72	67.41	53.31	127.18	31.24	95.94
批发、零售、住宿和餐饮业	50.47	0.06	50.41	73.62	11.64	61.98	59.16	5.64	53.52
其他行业	37.68	21.90	15.77	49.49	36.21	13.29	56.57	42.93	13.64

数据来源:根据《2002 年全国 42 部门投入产出表》《2005 年全国 42 部门投入产出表》和《2007 年全国 42 部门投入产出表》相关数据计算整理而成。

　　中国对外贸易中隐含碳排放净出口的行业主要是通信设备、计算机及其他电子设备制造业,纺织服装鞋帽皮革羽绒及其制品业,纺织业,金属制品业,电气机械及器材制造业五个行业。2007 年五个行业的净出口隐含碳高达 7.69 亿吨,占总隐含碳排放净差的 78.1%。其中,电子通信设备制造等产品部类在中国总的出口额中越来越居于主导地位,从 2002 年开始通信设备、计算机及电子设备制造业一直是中国最大的出口部门,其对全国总体出口额的贡献由 2002 年的 16.1%增加到2007 年的 22.3%。贸易碳排放顺差也从 2002 年的 0.35 亿吨上升到 2007 年的2.13 亿吨,虽然基数不大,但增长非常迅速,2002 年通信设备、计算机及其他电子设备制造业的贸易隐含碳顺差在隐含碳排放净出口行业中排第五,到 2005 年跃居第一,且一直未被其他行业超过,而该行业的碳排放系数较小,这说明巨额的出口贸易量是该行业隐含碳排放净出口额较大的主要原因。纺织业、纺织服装鞋帽皮革羽绒及其制品业的出口贸易总额一直处于前列,对中国的出口贡献能力较大,而这两个行业属于碳排放关注行业,碳排放系数在各行业排名中处于中间位置,这使得其贸易碳排放净差较大,纺织业是继通信设备、计算机及电子设备制造业后的碳排放顺差第二大的行业。金属制品业、电气机械及器材制造业净出口隐含碳排放随着贸易顺差的不断加大碳排放净差也在持续增加。

　　中国对外贸易中最大的隐含碳排放净进口行业主要有石油加工、炼焦及核燃料加工业,石油和天然气开采业,金属矿采选业,非金属及其他矿采选业,化学工业等 5 个行业。2002 年这五个行业的净进口隐含碳为 1.26 亿吨,占所有隐含碳净进口行业的 47%;2005 年这五个行业的净进口隐含碳为 2.86 亿吨,占所有隐含碳净进口行业的 70%;2007 年这五个行业的净进口隐含碳为 2.45 亿吨,高达所有隐含碳净进口行业的 90%。其中,金属矿采选业,非金属及其他矿采选业,石油和天然气开采业的贸易碳排放净差增长速度迅猛,与这些行业近年来贸易逆差的不断扩大相呼应,这说明中国的矿产、石油等资源匮乏,能源消费无法自足,很大程度上依赖于进口;化学工业,石油加工、炼焦及核燃料加工业一直处于净进口隐含碳的地位,但略有波动,呈现出先增后减的特征。此外,农林牧渔业也一直保持着贸易碳排放逆差,且波动比较小,历年的数值很接近;通用、专用设备制造业 2002 年的贸易碳排放逆差为 0.48 亿吨,到 2005 年期间逆差在不断缩小趋于平衡,到 2007 年转为 0.048 亿吨的贸易碳排放顺差;金属冶炼及压延加工业、交通运输设备制造业的情况类似,从 2002 年的贸易碳排放净进口行业逐渐变为净出口行业。

　　绝大多数行业的贸易碳排放失衡方向不变,贸易隐含碳排放净出口行业继续保持着碳排放顺差,贸易隐含碳排放净进口行业变化也不大,并且随着贸易额的扩大,进出口中隐含碳排放的失衡度在逐渐扩大。加入 WTO 以后,中国参与国际分工也进一步深入,"比较优势"产品的出口和"比较劣势"产品的进口均快速增长,导致不同行业隐含碳排放的失衡度逐步加深。

6.4 影响中国产业部门减排效果的关键因素分析

以经济结构来说,单个产业部门的经济活动能够推动影响其他产业部门的二氧化碳排放,进而影响整体的排放量;同样,整体的经济活动和排放也会对个体产生一定的导向作用。因此,审视产业部门之间的关系及各产业部门内部因素与温室气体排放之间的关系,寻求影响整体二氧化碳排放水平的主要因素,一方面能够用于分析哪些部门间交易行为会带来二氧化碳排放、二氧化碳是从哪些环节排放出来的这类问题,从而为调整行业内部、行业之间的结构关系,间接减少高强度或者高产出部门在二氧化碳总排放中贡献的比重,从而达到减排目的提供依据;另一方面能够为决策者判断减排措施是否有效合理提供验证和参考。

对于一个产业部门而言,影响其二氧化碳水平的主要影响因素如图 6-9 所示:

(1) 技术因素。对于每一个部门来说,单位产品的生产或多或少会需要其他部门的产品或能源资源作为中间投入,而单位产品消耗量的多寡受技术和管理水平的影响。从部门的角度来看,主要技术因素包含生产过程中的投入产出结构情况及能源利用效率。投入产出结构表明产品生产过程中所消耗的其他部门的产品数量,越合理的投入产出结构消耗的高排放、高污染的资源越少,从而引起的二氧化碳排放越少。能源利用效率指标则反映部门单位产出的能源消耗量,能源利用率越高,一定产出消耗的能源越少,二氧化碳排放自然越少。二者的共同作用会导致该产业二氧化碳完全排放强度的变化,排放强度的大小表明一个部门生产产品的排放效率。不同部门的生产工艺、低碳技术的研发和扩散水平不尽相同,因此,调整投入产出结构,改变各产业部门内部的技术因素(加快高排放型部门的技术发展,推广节能减排型部门的生产技术),即通过技术变化和提高能源效率等手段来降低排放强度将取得有效的政策效果。

(2) 行为因素。部门产品的生产规模是影响二氧化碳排放量至关重要的因素,而部门的产出规模受到消费需求的影响,因此减少部门产品的消费量也是降低二氧化碳排放的有效手段。消费需求可以分为其他部门作为中间投入部分的消费需求和最终消费需求,最终消费需求又可细分为国内最终消费需求和国外最终消费需求(用于出口部分)。从改变消费行为着手有两种途径可以达到减排效果:一是减少经济发展过程中间投入需求和最终消费需求,即减少碳密集型产品的生产规模,缩小此类产品的使用和出口量,但此种方法是一种短期减排的有效手段,可能会对经济发展造成负面影响;二是调整最终需求结构,减少碳密集型产品的需求量,寻找低排放的产品予以替代,在减少碳排放的同时降低减排造成的经济损失。

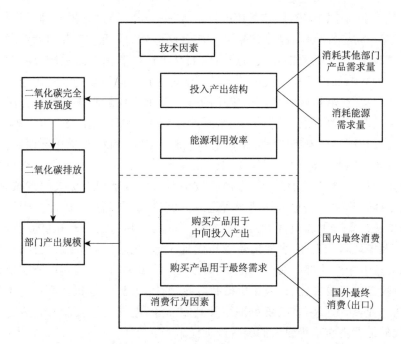

图6-9 产业部门二氧化碳排放量经济行为影响因素分析

6.5 研 究 结 论

本部分首先通过对历史统计数据的分析,展现中国能源消费、CO_2 排放现状,并基于这些现状进一步探讨了中国碳减排的紧迫性。展现了中国的能源消费规模与结构状况,2011 年中国成为世界第一大能源消耗国,而中国的能源消费结构依然是以煤炭为主,清洁能源占比很少,这是中国碳排放量巨大的重要原因之一。并展现了中国的 CO_2 排放情况,并将其与世界其他国家进行比较分析,结果表明近年来中国 CO_2 排放迅速增长,已经成为世界上 CO_2 排放最多的国家。结合全球变暖的背景,根据中国实际情况,从国际压力和国内自身发展两个角度详细阐述了中国实施碳减排的紧迫性。

其次,总结了当前国际上三种碳排放责任分担机制,并基于对"生产者承担""消费者承担""生产者和消费者共担"三种原则下的碳减排责任分配方案的比较分析,得出"生产者和消费者共担"原则在公平性和减排效果上较前两种方案具有优越性,然后试图构建出公平合理的碳减排分配模型,该模型充分考虑到了碳减排责任在生产者和消费者之间的合理分配问题及国际贸易对中国碳减排责任的影响,并在此基础上对中国的碳减排责任进行了实证分析。通过分析,我们得出如下主要结论:第一,从公平性和减排效果的比较分析来看,应从生产者和消费者双重角度界定碳减排责任,并对国际贸易造成的商品生产国和消费国地域分离对碳减排责任测度的影响加以考虑。实证结果显示中国通过国际贸易为其他国家转移排放了大量的二氧化碳,国际社会目前采用的基于领土责任的碳排放核算方法对能源密集型产品净出口国而言是不公平的,而且对全球的总碳减排效果也不确定,反而可能引起发达国家向发展中国家的碳排放转移。因此,在未来的国际谈判中,需要考虑国际贸易引起的国家温室气体的排放变化,并从生产者和消费者双重角度界定碳减排责任。第二,总体来说,生产者较消费者而言承担着更大的碳减排责任,且中国生产过程中为满足国外消费所造成的碳排放不容忽视,因此基于消费端的碳减排责任计算对中国而言更为公平。第三,电力、热力的生产和供应业,石油加工、炼焦及核燃料加工业,金属冶炼及压延加工业,化学工业,交通运输、仓储和邮政通讯业这五个产业部门对中国的碳排放"贡献"最大,是中国实现节能减排的关键领域;仪器仪表及文化、办公用机械制造业,通信设备、计算机及其他电子设备制造业,纺织业,纺织服装鞋帽皮革羽绒及其制品业,电气机械及器材制造业出口额很大,国外消费者应承担较大的碳减排责任。

再次,分析了中国的对外贸易情况,从贸易规模的变化来看,中国进出口贸易高速度发展,贸易规模、贸易顺差大幅度扩张,是名副其实的贸易大国;从贸易结构的调整来看,中国加工贸易产业迅速发展并形成了稳定的贸易结构,工业制成品占比持续上升。接着基于中国所处的垂直专业化分工背景,通过构建 2002 年、2005 年、2007 年非竞争型投入产出模型,考虑进口中间投入产品的影响,将总中间投入区分为国内投入和中间进口两个部分,进而对中国进出口贸易中的隐含碳进行深入分析。通过这部分的分析,主要得到以下结论:第一,非竞争型投入产出表和竞争型投入产出表测算出的碳排放系数存在差异,且前者测算出的系数偏大,这进一步说明了加工贸易对中国碳排放量的影响,不考虑加工贸易的投入产出矩阵会造成中国碳排放系数与真实值的偏离,使中国碳排放量被高估,这意味着中国的碳排放中有相当部分通过贸易而被其他国家消费了。第二,中国 2002—2007 年间贸易隐含碳排放净差为正数,且呈现出不断扩大的趋势,属于隐含碳净出口国。第三,中国各产业部门的二氧化碳排放强度、贸易规模都存在着差异,对不同行业和产品,要根据其碳排放系数、进出口规模的差异采取不同的政策和措施。

最后,对中国产业部门减排效果的关键因素进行了分析,并从技术因素和行为因素分别进行了阐述。

第七章

实现中国高效碳减排的 政策建议研究

通过从国家层面、区域层面和产业层面对中国碳减排责任的研究,明确了中国发展低碳经济的现实状况,并为实现高效碳减排提供了充分的理论基础。本部分则在上述研究基础之上,分析中国碳减排的政策措施。首先,采用多目标最优碳税的模拟分析法,对开征碳税进行模拟分析,并对国外发达国家低碳经济发展进行经验总结。最后从能源优化设计、国际碳排放责任分配、区域碳减排、产业碳减排、碳税五个方面进行中国低碳经济发展的途径与政策研究。

7.1 中国多目标最优碳税的模拟分析

7.1.1 多目标最优碳税模型的构建

本部分借鉴钟锦文,张晓盈(2011)对碳税税制的设定,对纳税环节进行了相应的改动。碳税税制主要基于以下几个主要方面:①纳税人:因消耗化石材料向大气直接排放 CO_2 的人(包括自然人和法人)。②纳税对象:因生产经营或消费过程中向大气直接排放的 CO_2,由于 CO_2 是因消耗化石燃料所产生的,因此碳税的征收对象实际上最终落到煤炭、天然气等化石燃料上。③税率:定额税率,从量计征。④计税依据:CO_2 的实际排放量或者估算量。⑤纳税环节:生产环节和消费环节,即对最终产品的生产环节和消费环节分别征税,这体现了税收公平原则。⑥碳税的水平:为模型计算的方便,对化石燃料实行同一种税率。

本书设定 t 为基准税率,并考虑部门消耗的原煤、焦炭、原油、燃料油、汽油、煤油、柴油 8 种能源,$i=1$,…,29 代表部门调整后的 29 个不同部门,$j=1,2,…,8$ 分别代表 8 种不同能源,为了体现对不同化石能源征收碳税的差别,用:

$$t_j = t * f_j \tag{7-1}$$

其中 t_j 代表对第 j 种化石能源的税收，f_j 为第 j 种能源的碳排放系数。而对不同部门所征税的差别体现在：

$$t_{ij} = t * f_{ij} \tag{7-2}$$

其中 t_{ij} 代表部门 i 消耗的第 j 种化石能源的碳排放系数，f_{ij} 代表部门 i 消耗第 j 种化石能源需要缴纳的碳税。

1. 碳税对碳排放的影响

征收碳税会对影响部门消费的化石能源量，征收碳税之前 CO_2 的排放总量由部门的应分担的碳排放量组成。假定征收碳税后各部门能源消耗强度与碳排放系数均保持不变，则 CO_2 排放量为 CO_2^*，由此可以得出征收碳税前后 CO_2 排放的减少量：

$$\Delta CO_2 = CO_2 - CO_2^* \tag{7-3}$$

为了构建多目标投入产出模型的方便性，用 CO_2 排放量的变化率来衡量征收碳税对 CO_2 排放量的影响，即将式(7-3)变化为：

$$\Delta CO_2^* = (CO_2 - CO_2^*)/CO_2 \tag{7-4}$$

所以最优目标的选择为 CO_2 排放减少率的最大化，即：

$$\text{Max } \Delta CO_2^* = (CO_2 - CO_2^*)/CO_2 \tag{7-5}$$

2. 碳税对产出的影响

利用 2007 年投入产出表中的数据，可以得出以下关系式：

$$\boldsymbol{M} = \text{diag}(\boldsymbol{A}_m)\boldsymbol{X} \tag{7-6}$$

展开为：

$$
\begin{bmatrix} m_1 \\ m_2 \\ m_3 \\ m_4 \\ \vdots \\ m_n \end{bmatrix} =
\begin{bmatrix}
a_{m,1} & 0 & 0 & 0 & \cdots & 0 \\
0 & a_{m,2} & 0 & 0 & \cdots & 0 \\
0 & 0 & a_{m,3} & 0 & \cdots & 0 \\
0 & 0 & 0 & a_{m,4} & \cdots & 0 \\
\vdots & \vdots & \vdots & \vdots & \ddots & \vdots \\
0 & 0 & 0 & 0 & 0 & a_{m,n}
\end{bmatrix}
\begin{bmatrix} X_1 \\ X_2 \\ X_3 \\ X_4 \\ \vdots \\ X_n \end{bmatrix}
$$

$\boldsymbol{M}$ 为投入产出表初始投入的税利向量，$\boldsymbol{A}_m$ 为税利系数向量，$\text{diag}(\boldsymbol{A}_m)$ 是以向量 $\boldsymbol{A}_m$ 的主对角线矩阵。对部门消耗的化石能源征税后，式(7-6)变为：

$$\boldsymbol{M}^* = \text{diag}(\boldsymbol{A}_m^*)\boldsymbol{X}^* \tag{7-7}$$

即：

$$
\begin{bmatrix}
m_1 + \sum\limits_{j} t_{1j} * E_{1j} \\
m_2 + \sum\limits_{j} t_{2j} * E_{2j} \\
m_3 + \sum\limits_{j} t_{3j} * E_{3j} \\
m_4 + \sum\limits_{j} t_{4j} * E_{4j} \\
\vdots \\
m_n + \sum\limits_{j} t_{nj} * E_{nj}
\end{bmatrix}
=
\begin{bmatrix}
a^*_{m,1} & 0 & 0 & 0 & \cdots & 0 \\
0 & a^*_{m,2} & \vdots & \vdots & \vdots & \vdots \\
0 & 0 & a^*_{m,3} & 0 & 0 & 0 \\
0 & 0 & 0 & \ddots & 0 & 0 \\
\vdots & \vdots & \vdots & \vdots & a^*_{m,n-1} & \vdots \\
0 & 0 & 0 & 0 & 0 & a^*_{m,n}
\end{bmatrix}
*
\begin{bmatrix}
X^*_1 \\
X^*_2 \\
X^*_3 \\
X^*_4 \\
\vdots \\
X^*_n
\end{bmatrix}
$$

M^* 为征收碳税后的部门总税收，E_{ji} 为 i 部门消耗 j 能源排放的 CO_2 量。根据式(7-7)可以推出征收碳税后的部门产出量：

$$X^* = \{\mathrm{diag}(A^*_m)\}^{-1}(M+T) \tag{7-8}$$

由此可以推出征收碳税前后产出的变化率：

$$R = (I^{\mathrm{T}}X - I^{\mathrm{T}}X^*)/I^{\mathrm{T}}X \tag{7-9}$$

即：

$$R = \{I^{\mathrm{T}}[\mathrm{diag}(A_m)]^{-1} * M - I^{\mathrm{T}}[\mathrm{diag}(A^*_m)]^{-1} * (M+T)\}/ \tag{7-10}$$
$$I^{\mathrm{T}}\{\mathrm{diag}(A_m)\}^{-1} * M$$

本部分采用 n 阶行向量 I^{T} 乘以向量 X 和 X^*，使得最终结果 R 为数值。为了约束碳税的征收对产出的影响，根据经验总结，本书约束 R 在 $0 \sim 2\%$ 之间。

3. 碳税对最终消费的影响

对最终消费环节征收的碳税会对最终消费产生影响。为了计算方便，将碳税税额向量 T 转为碳税税率向量 TR，TR 中的第 i 个元素为：

$$TR_j = \sum_{j} t_{ij} E_{ij}/m_j \tag{7-11}$$

根据式(7-8)，可以推出：

$$M^* = M + T = \{\mathrm{diag}(A^*_m)\}^{-1}X^* = \{\mathrm{diag}(A^*_m)\}^{-1}(I-A)^{-1}Y^*_c$$
$$= \{\mathrm{diag}(TR) + I\}\{\mathrm{diag}(A_m)\}^{-1}X$$
$$= \{\mathrm{diag}(TR) + I\}\{\mathrm{diag}(A_m)\}^{-1} * (I-A)^{-1}Y_c \tag{7-12}$$

Y^*_c 为征收碳税后的最终消费向量，由式(7-12)可以得出碳税与最终消费量的关系：

$$Y_c^* = \{\mathrm{diag}(A_m^*)\}(I-A)\{\mathrm{diag}(TR)+I\}\{\mathrm{diag}(A_m)\}^{-1} * (I-A)^{-1}Y_c$$

$$(7\text{-}13)$$

在本节的假定下，碳税征收最终消费需求量受总产出影响而有所下降，但当前中国政府提倡拉动内需来发展经济，由此最终消费净额应实现最小化。即：

$$\mathrm{Min}\ NY_c = I^{\mathrm{T}}T - \{I^{\mathrm{T}}Y_c - I^{\mathrm{T}}Y_c^*\} \tag{7-14}$$

综合以上，将式（7-5）与式（7-14）作为目标函数，施加式（7-10）的约束条件，最终可建立具有一个约束条件的两目标最优碳税投入产出模型：

$$\mathrm{Max}\begin{cases} -NY_c = I^{\mathrm{T}}Y_{cd}^* - I^{\mathrm{T}}Y_{cd} \\ \Delta CO_2^* = (CO_2 - CO_2^*)/CO_2 \end{cases} \tag{7-15}$$
$$\mathrm{s.t.} = \{0 < R < \alpha\}$$

对不同约束水平下的最优碳税水平进行模拟，上式中待模拟的变量为基准碳税税额 t 与征收碳税后的税利系数向量 A_m^*。

7.1.2　数据来源与处理

基于"生产者消费者共担原则"的各产业部门的碳排放量数据来源于本书第六章，本部分运用的投入产出数据均来自《2007 中国投入产出表》，能源数据来自《能源统计年鉴 2008》，由于投入产出表和能源统计年鉴的行业分类项不完全对应，因此根据中华人民共和国国家统计局网站上公布的国民经济行业分类标准对二者的部门分类进行调整，使二者部门分类口径一致，最终合并成 29 个产业部门。

7.1.3　最优碳税模拟结果

本部分运用 Matlab 软件分别模拟在不同约束条件下，实现 CO_2 减排量最大化及最终消费量变化最小化时应该选择的最优碳税税率，及征收碳税对各部门的 CO_2 减排量、产出的影响。为了考虑政府在决策征收碳税时可以承受的对宏观经济负面冲击的两种程度，本书分两组约束条件进行模拟。第一组约束条件为：总产出减少幅度小于 1%；第二组约束条件为：总产出减少幅度小于 2%。由于运算时所基于的数据均是 2007 年的数据，因此模拟的各指标的变动幅度都是以 2007 年为基准的变动幅度。为了对比不同税率下对碳减排和产出的影响，本书除了最优税率外采用其他 4 种差别税率，拟对政策制定者提高全面的参考和借鉴。

在第一组约束条件下，即 $R<0.1$，经模拟，如果为了达到 CO_2 减排量最大化及最终消费量减少最小化两个目标，政府应该征收的最优碳税税率为 7.2 元/吨。本书还

分别模拟了其他两种税率对CO_2减排量、产出的影响。具体结果如表7-1所示。

表7-1　碳税的征收对CO_2排放量和产出量的影响　　　（%）

约束条件	总产出减少幅度<1%		
定额税率(元/吨)	3	5	7.2
CO_2减排	1.50	2.10	3.50
产出减少	0.25	0.62	0.81
约束条件	总产出减少幅度<2%		
定额税率(元/吨)	10	12	14
CO_2减排	4.60	5.70	5.90
产出减少	1.1	1.4	1.6

数据来源：由 Matlab 软件计算得出。

从表7-1中可以看出，当约束条件为总产出减少幅度小于1%时，模拟出的最优税率为7.2元/吨，此时总产出和CO_2排放量都会减少，CO_2减排率为3.5%，总产出下降0.81%；如果征收碳税为3元/吨，CO_2减排率为1.5%，总产出下降0.25%；如果碳税为5元/吨，CO_2减排率为2.1%，总产出下降0.62%。

从消费者的角度看，在征收碳税后，有些消费者不会因为有了新的税收负担而改变消费行为；但有些消费者会因为碳税而改变消费行为，比如减少对高耗能产品的消费，减少对生活能源的消费，生活中更注意节约能源等等，消费下降会导致总需求下降，进而会导致总产出下降。随着碳税定额税率的逐级提高，其对CO_2减排量、总产出的影响就越来越大。在确保总产出减少幅度小于1%的条件下，如果政府只能承受较小的经济冲击，则可选择征收低碳税税率，如果政府希望减排幅度大，而且可以承受较大的经济冲击，则可选择征收高碳税税率。

在第二组约束条件下，当约束条件为总产出减少幅度小于2%时，模拟出的最优税率为14元/吨，此时总产出和CO_2排放量都会减少，CO_2减排率为5.9%，总产出下降1.6%；如果征收碳税为10元/吨，CO_2减排率为4.6%，总产出下降1.1%；如果碳税为12元/吨，CO_2减排率为5.7%，总产出下降1.4%。从两组不同的约束条件可以看出，如果期望碳税的征收对产出产生较小的影响，那么应该适当调低碳税水平，如果政府把致力于环境保护放在首要位置，就应该调高碳税税率，敦促企业改善生产方式，加大技术投入，实现绿色经济的发展。

由于在设定碳税税制要素时，对煤炭、天然气和成品油等不同化石燃料实行了不同税率，因此征税后对不同化石燃料会产生不同影响。在两组约束条件下，本书分别模拟了征收两种最优税率及其他4级碳税税率对化石能源消耗的影响，如表7-2所示。

表7-2　碳税对化石能源消耗的影响　　　　　　　（%）

约束条件	总产出减少幅度<1%			约束条件	总产出减少幅度<2%		
定额税率	3	5	7.2	定额税率	10	12	14
原煤	2.17	3.06	4.22	原煤	5.44	6.4	7.58
焦炭	0.52	0.7	1.34	焦炭	1.74	3.28	3.26
原油	1.73	1.84	3.01	原油	4.58	6.17	6.26
汽油	0.52	0.96	1.68	汽油	1.05	1.47	4.11
煤油	0.52	1.11	2.32	煤油	1.71	2.39	6.91
柴油	0.57	1.04	1.78	柴油	1.17	1.65	4.36
燃料油	1.06	1.66	2.53	燃料油	2.48	3.18	5.09
天然气	0.9	1.37	1.73	天然气	1.59	1.81	2.05

数据来源:由 Matlab 软件计算得出。

　　在第一组约束条件下,如果征收 7.2 元/吨的最优碳税税率,将会使得煤炭、焦炭、原油、汽油、煤油、柴油、燃料油、天然气的消费量分别减少 4.22%、1.34%、3.01%、1.68%、2.32%、1.78%、2.53%、1.73%;而在第二组约束条件下,如征收 14 元/吨的最优碳税税率,则将会使得以上化石能源消费量分别减少 7.58%、3.26%、6.26%、4.11%、6.91%、4.36%、5.09%、2.05%。随着碳税定额税率的逐级提高,征税导致各类化石燃料消费总量减少的幅度不断提高。

　　碳税的征收不仅会对总产出产生影响,还会对各部门产出产生不同的影响。通过在两组约束条件下的模拟,可以发现征收碳税对"电力、热力的生产和供应业"、"石油加工、炼焦及核燃料加工业"、"交通运输、仓储和邮政业"、"金属冶炼及压延加工业"、"煤炭开采和洗选业"五个行业的产出影响相对比较大,显而易见,这五个行业都是消耗化石能源比较多的行业,其余行业则影响较小。以征收碳税税率为 7.2 元/吨为例,将会导致"电力、热力的生产和供应业"的产出下降 5.19%,导致"石油加工、炼焦及核燃料加工业"的产出下降 3.20%,导致"交通运输、仓储和邮政业"的产出下降 2.39%,导致"金属冶炼及压延加工业"的产出下降 1.39%,导致"煤炭开采和洗选业"的产出下降 1.31%,而导致这五个行业以外的其他行业的产出下降都小于 1%。"交通运输、仓储和邮政业"作为成品油消费量最大的行业,2007 年消费汽油 2 763 万吨,占汽油总消费量的 50%,消费柴油 6 794 万吨,占柴油总消费量的 54%;"金属冶炼及压延加工业"是消费焦炭最大的行业,消费焦炭 2.6 亿吨,占焦炭消费总量的 87%。由于这些行业都是消费化石能源比较多的行业,因此其 CO_2 排放就比较大,征收碳税导致其税负比较高,随着征收碳税税率的逐级递增,对各行业产出的冲击也越来越大。而最优碳税为 14 元/吨,这五个部门的产出下降几乎是碳税为 7.2 元/吨时的两倍,可知在较宽松的总产出限定下,对高能耗部门的税收仍为最多,具体如表7-3所示。

表7-3 征收碳税对各部门产出的影响 （%）

约束目标	总产出幅度减少1%			总产出幅度减少2%		
定额税率	3	5	7.2	10	12	14
农、林、牧、渔、水利业	0.05	0.30	0.45	0.08	0.29	0.10
煤炭开采和洗选业	0.17	0.16	1.31	2.21	4.90	5.72
石油和天然气开采业	1.4	0.32	0.28	0.25	0.22	0.12
金属矿采选业	1.38	0.35	0.32	0.23	0.10	0.08
非金属矿及其他矿采选业	1.34	0.24	0.21	0.19	0.14	0.12
食品制造及烟草加工业	0.21	0.11	0.08	0.06	0.01	0.01
纺织业	0.12	0.02	0.01	0.03	0.08	0.10
纺织服装鞋帽皮革羽绒及其制品业	0.24	0.14	0.11	0.09	0.06	0.02
木材加工及家具制造业	0.19	0.09	0.06	0.04	0.01	0.03
造纸印刷及文教体育用品制造业	0.10	0.02	0.03	0.05	0.10	0.12
石油加工、炼焦及核燃料加工业	1.33	2.23	3.20	5.18	7.13	7.11
化学工业	0.18	0.08	0.05	0.03	0.02	0.04
非金属矿物制品业	2.21	0.11	0.08	0.06	0.01	0.01
金属冶炼及压延加工业	0.32	1.22	1.39	2.17	3.12	4.10
金属制品业	2.28	0.18	0.15	0.13	0.08	0.06
通用、专用设备制造业	0.15	0.05	0.02	0	0.09	0.07
交通运输设备制造业	0.11	0.01	0.02	0.04	0.09	0.11
电气机械及器材制造业	0.08	0.02	0.05	0.07	0.12	0.14
通信设备、计算机及其他电子设备	0.03	0.07	0.1	0.12	0.17	0.19
仪器仪表及文化、办公用机械	0.02	0.08	0.11	0.13	0.18	0.2
工艺品及其他制造业	0.05	0.25	0.48	0.40	0.45	0.17
废弃资源和废旧材料回收加工业	0.24	0.54	0.81	0.39	0.24	0.02
电力、热力的生产和供应业	3.32	4.22	5.19	7.17	11.12	12.39
燃气生产和供应业	1.34	0.24	0.21	0.19	0.14	0.12
水的生产和供应业	0.22	0.12	0.09	0.07	0.02	0
建筑业	0.18	0.08	0.05	0.03	0.02	0.04
交通运输、仓储和邮政通讯业	0.04	1.26	2.39	4.41	5.46	6.68
其他行业	0.14	0.13	0.11	0.08	0.07	0.02

数据来源:由Matlab软件计算得出。

7.2 国外发展低碳经济的经验分析和总结

面对气候变化和环境危机带来的巨大挑战,发展低碳经济已经成为世界各国实现资源、环境与经济可持续发展的重要选择。许多发达国家和地区在低碳经济领域都是早期的探索者和实践者。在中国发展低碳经济的过程中,要充分吸收发达国家发展低碳经济的先进经验,所以,本书对英国、日本、德国、美国等主要发达国家的发展低碳经济的经验进行总结,以对中国的低碳经济发展提供参考和借鉴。

7.2.1 英国——加强气候变化立法

英国是最早意识到能源供应的危机与气候变化的威胁,并提出"低碳经济"的国家。作为低碳经济的倡导者,英国推出了一系列具有开创性的配套措施和政策法规,运用多种手段引导全社会向低碳经济社会转变。

表 7-4 英国低碳经济相关法案

年份	具 体 内 容
1997 年	《气候变化法案》,制定了初步减排目标:到 2020 年削减 26%~32%的温室气体排放,到 2050 年减少 60%的温室气体排放。
2000 年	《气候变化规划》,引入了经济政策为主的措施,目的是提高能源利用效率,降低二氧化碳等温室气体的排放。
2003 年	《我们未来的能源-创建低碳经济》白皮书:计划到 2010 年二氧化碳排放量在 1990 年水平上减少 20%,到 2050 年减少 60%,建立低碳经济社会。白皮书强调要通过科学创新优先发展可再生能源。
2007 年	新版《能源白皮书》发布,进一步明确了通过提高能效、选择燃料和促进低碳技术的采用来实现低碳经济的能源总体战略。
2008 年	伯明翰举办了"英国气候变化节",同时将《气候变化法案》作为一项具有法律约束力的法案正式发布,修改并明确了减排目标:到 2020 年温室气体排放要在 1990 年的基础上减排 34%,到 2050 年要减排 80%。
2009 年	第三份能源白皮书《低碳转型发展规划》针对前两份白皮书提出的政策和措施进行了细化和修正,将减排目标分布到各部门,对英国可再生能源开发和主要能源部门的用能结构提出了要求,以保证顺利过渡到低碳经济社会。

2008 年《气候变化法案》使英国成为首个为适应气候变化、减少碳排放而建立具有长效机制和法定约束力的基本框架的国家,标志着英国低碳经济法律体系的基本建成。另外,英国在《气候变化规划》,还引入了气候变化税、气候变化协议、能源效率承诺和交通部门十年规划等等。

1. 引入气候变化税制度

气候变化税是英国应对气候变化总体战略的核心部分,针对工业、商业和公共机构的能源供应部门征收,不同能源品种及征税对象对应不同的税率。英国征收气候变化税不是为了增加财政资金,而是要运用气候变化税的手段提高能源效率。通过气候变化税的价格杠杆调整能源结构,总体上没有增加企业的税收负担,合理维护了企业竞争力;同时形成了社会舆论,提高了公众节能减排的绿色发展意识。

2. 签订气候变化协议

气候变化协议是政府和企业之间达成的自愿协议。协议规定,如果能源密集型企业能够实现难度大、效益高且能效好的碳节能减排目标,政府可以大幅度减免征收气候变化税。目前的机制目标将于 2010 年失效,相应税收优惠期也将于 2013 年结束。不过 2007 年宣布,气候变化协议在经审核通过并获得联邦补助后会延续到 2017 年。因此,能源密集产业对中期计划更有信心,气候变化协议也能继续在英国国家气候变化应对计划中发挥作用。2010 年政府就新地协议内容完成咨询工作,新协议计划在 2011 年 4 月开始生效,第一目标期到 2012 年。

3. 实践低碳城市

英国也是低碳城市规划和实践的先行者。碳信托基金会与能源节约基金会联合推动了英国的低碳城市项目,首批 3 个示范城市(Bristol, Leeds & Manchester)在专家和技术支持下制定了全市范围的低碳城市规划。伦敦市在低碳城市建设方面更是起到了领跑者的作用。该城市积极推进"绿色家居计划",改善现有和新建建筑的能源效益;在市内发展热电冷联供系统、小型可再生能源装置等,以减少因长距离输电导致的损耗;同时还建立了伦敦气候变化管理局,并在伦敦发展管理局下设分布式能源供给部门,通过政策和法规权力来推进各项措施付诸实施。

7.2.2　日本——完善低碳政策体系

作为《京都议定书》的发起和倡导国,日本在提高能源使用效率方面做了很多努力。日本从 1991—2008 年颁布了诸如《节约能源法》《关于促进利用再生资源的法律、合理用能及再生资源利用法》等一系列关于低碳经济发展的政策,法案提出通过实行削减温室气体排放等措施,大力推动低碳经济发展。日本还制定了诸如"面向 2050 年的日本低碳社会情景"研究计划、《凉爽地球能源创新技术计划》等一系列相当系统的低碳经济发展研究计划,提出可大幅度减排二氧化碳的 21 项技术,使用这 21 项技术可实现日本二氧化碳排放减半目标的 60%。同年,环境部提出《面向低碳社会的 12 大行动》。提出建设低碳社会的 12 大行动及其可实现的减排量,相对于 1990 年的排放水平到 2050 年减排 70% 需要的行动计划、技术选择、社会改革及政策措施等,行动涉及住宅部门、工业部门、交通部门、能源转换部门以及相关交叉部门,每一项行动中都包含未来的目标、实现目标的障碍及其战略对策。2008年7月,日本政府制定了"低碳社会行动计划",提出重点发展太阳能和核能等低碳能源,拉开了创建低碳社会的帷幕。为落实"创设低碳社会行动计划",2008年11月,日本政府设立了创建低碳社会的战略性研究机构"低碳研究推进中心",发布了《为扩大利用太阳能发电的行动计划》。

另外,日本政府在制定各项规划时,重视参与构建低碳社会的各个主体的需求和意见,引导社会各界参与构建低碳社会的计划制定和实践过程中,并在政府主导下形成了"产业—政府—学术界"的创新体系。除此之外,日本政府施行了必要的财税政策进行鼓励和扶持,日本政府计划在2012年度补充预算中写入向建设节能工厂的企业提供1 000亿~2 000亿日元补贴的经济对策,以促进国内企业的进一步节能减排。

7.2.3 德国——高新科技带动低碳发展

德国历来都重视高新科技的开发及应用,在世界汽车制造、机械制造、信息通讯、激光、纳米、新材料等众多高新技术领域处于世界领先水平,并一直致力于通过高新技术的研发及应用保障物质、文化与社会的繁荣发展。在顺应低碳经济发展的趋势下,德国积极研发新能源技术,依靠高新科技带动国内低碳经济发展,促进节能减排。

德国政府从自身的能源资源特点出发,逐步推行生态税改革,取得了显著成效。德国政府相继颁布实施了《实施生态税改革法》和《深化生态税改革法》,拟分五步(1999—2003年)逐步开展生态税改革,旨在促进全社会节约能源,减少温室气体排放,实现保护环境,同时通过把生态税收入补贴养老基金,降低劳动力成本,促进就业。改革的主要税种包括交通燃料费、电力税、取暖费以及天然气费四种,并根据不同产品和行业实行差别税率,以调整能源结构,补贴低赢利行业。为扶持清洁能源的生产和消费,德国政府对风力、水力、太阳能、地热、沼气发电等新能源以及高效热电联产电厂免征生态税,对无铅或低硫汽油、柴油执行较低税率。此外,对一些低赢利行业以及残疾人所开办的企业给予税收优惠。生态税税收所得分两部分返还给企业和居民,其中90%用于补贴公共养老金支出,剩余10%用于推动可再生能源产业的发展。通过生态税改革,德国的节能减排效果显著,就业率上升,德国能源结构进一步优化,居民的节能观念得以强化。

7.2.4 美国——奥巴马政府绿色新政

奥巴马政府非常重视新能源的发展,将开发使用可再生清洁能源、推广节能技术的应用作为保障国家能源安全、提供绿色就业机会的重要途径之一。美国政府的新政策在很大程度上是向新能源领域倾斜的,例如用来研发新能源设备如何使用的费用的 20%～30% 能够用来抵税,同时企业和个人还能够享受 10%～40% 的税费优惠政策。

表 7-5　奥巴马政府经济刺激计划(绿色新政)

	投 资 项 目	投资金额(亿美元)
财政支出	智能电网,电网的现代化	110
	对州政府能源效率化,节能项目的补助	63
	对可再生能源(风力、太阳能)发电和送电项目提供融资担保	60
	对面向中低收入阶层的住宅的断热化改造提供补助	50
	联邦政府设施的节能改造	45
	研究开发化石燃料的低碳化技术(CCS)	34
	对在美国国内生产制造氢气燃料电池的补助	20
	补助大学、科研机构、企业的可再生能源研究开发	25
	对用于电动汽车的高性能电池研发的补助	20
	可再生能源以及节能领域专业人才的教育培训	5
	对购买节能家电商品的补助	3
减税	对可再生能源的投资实行 3 年免税措施	131
	扩大对家庭节能投资的减税额度	20
	对插电式混合动力车的购入者提供减税优惠	20

表 7-6　美国能源保护法案

年份	具 体 内 容
2005 年	《能源政策法》阐明旨在确保未来可以获得安全的、价格合理而可靠的能源来源,并从可再生能源、太阳能、核能、化石能源等方面就能源安全问题作出了具体而详尽的规定。
2007 年	《能源独立安全保障法》提出的目标是:提高美国的能源独立性与安全性,增加清洁的可再生燃料的产量,保护消费者,提高产品、建筑和汽车的能效,推动温室气体捕捉与存储方面的研究,提高联邦政府的能源管理水平。
2009 年	《美国复苏与再投资法案》,主要侧重于发展新能源,投资总额高达 7 870 亿美元,其中包括的内容有:可再生能源、智能电网、碳捕捉与碳储存等。
2009 年	《清洁能源与安全法》旨在创造清洁能源就业机会,实现能源独立,减少全球变暖污染,并向清洁能源经济过渡。该法案明确设定了美国的减排目标:到 2020 年比 2005 年减排 17%,2050 年的排放量比 2005 年减少 83%。该部法案包括四个部分:绿色能源、能源效率、应对气候变化、向低碳经济转型,此法案的制定有助于节约能源,增强国际竞争力,对全球气候变化有积极的促进作用。
2011 年	《电网现代化计划》,历来最大规模的美国电力网络现代化计划,斥资 34 亿美元迎接再生能源消费新时代,未来约 100 家企业、厂商、公用事业、城市等,将获得 40 万美元至 2 亿美元不等补助,此计划还将协助建构全国性"智能能源网",以削减成本和改善现有老旧系统。

续表 7-6

年份	具 体 内 容
2012 年	《先进制造业国家战略计划》,将智能电网、清洁能源、先进汽车、航空与太空能力、纳米技术与纳米制造、新一代机器人、先进材料等作为重点发展领域,抢占 21 世纪先进制造业制高点。
2013 年	《美国清洁能源制造计划》,美国通过建立清洁的能源结构再造美国富有竞争力的新能源产业,可创造 500 万个绿色、高薪的工作岗位。

7.2.5 国外其他国家

西班牙:西班牙推出"能源改进计划 2002—2012",该计划包含了相应的促进政策、示范项目和法律与管理手段,将能源措施纳入到城市发展中,提倡增加可再生能源的使用(特别是太阳能)。自发展可再生能源以来,2010 年西班牙国内的排放量比 2005 年减少了 1 300 万吨。目前,基本上新建的居住楼房都有吸热板,为了鼓励市民安装吸热板,从 2013 年开始,西班牙政府将对新安装的吸热板在一定范围内减免电费。

法国:2011 年 9 月,法国工业部与高速公路建造公司、停车场运营商、交易商联合签署了一份章程。该章程列出了工业企业提供低碳汽车及相关产品和服务应该遵行的十项承诺为消费者提供高性能、高质量、使用便捷及安全性强的产品及服务。目前,法国特色汽车与轻电力汽车工业园区规模欧洲排名第一,自 2008 年起,法国政府的汽车补贴累计达到 23 亿欧元,扶持购买了 390 万辆新产低污染汽车,2012 年政府为每辆低碳汽车提供 2 000 至 5 000 欧元的激励补贴支持。据估计,2025 年,纯自动汽车(电池供能)与混合动力充电汽车将占新产汽车市场 30% 至 40% 的份额,2020 年初,这一比例将达到 20%,为了配合低碳交通的发展,欧盟委员会要求欧盟 27 国在 2020 年前建成 79.5 万个电动车充电站供公众使用,而充电标准要在 2015 年前制定完成并施行。

丹麦:哥本哈根计划到 2025 年将排放量降为零。该城市目前已建立了广阔的热电联产和区域供热网络,并逐步使用低碳燃料。市民的需求已经驱使主要的项目和投资都侧重于联合发电模式的风电发电领域。

联合国:除了各国的探索和实践,联合国等国际组织也为低碳经济的发展做了大量工作。如 2010 年坎昆气候大会艰难通过《坎昆决议》,朝着建立具有法律约束力的全球气候行动框架迈出重要一步。2011 年德班气候大会决定实施《京都议定书》第二承诺期并启动绿色气候基金。2012 年多哈气候大会中取得的最大成果是就 2013 年起执行的《京都议定书》第二承诺期达成了一致,并促使部分国家向绿色气候基金注资。2013 年的气候大会将在波兰举办,节能减排工作仍然任重而道远。

从国外低碳经济发展的态势可以看到,低碳经济发展的趋势有以下几点。首先,减少温室气体排放正从科学共识层面转变为全球实际行动层面;其次部分发达国家在经济社会政策方面已经进行了实质性调整,通过实施碳排放交易、征收碳税、提高效能和环境监管标准以及加大对清洁能源的研发投入等手段,将经济政策定位于低碳道路。在肯定这些成绩的同时,还需进一步拿出诚意和决心,真正落实节能减排措施。

7.3 实现中国高效碳减排的政策建议

本书从国家、区域、产业三个层面对中国碳减排责任进行了深入的分析,发现可以从能源优化的角度促进中国能源结构的优化,从国际碳减排责任界定的角度制定科学的碳减排分配原则,并从区域和产业这两个维度探讨了中国碳减排的优化机制。此外,碳税的设计将是促进中国节能减排工作的重要经济手段之一,所以,以下从几方面提出实现中国高效碳减排的具体政策建议:

7.3.1 低碳经济视角下中国能源优化的政策设计

优化能源结构对于促进能源、经济和环境的协调发展,实现低碳经济具有重要的理论和实践意义。因此有必要对中国能源消费结构进行优化,并分部门实行差异化的能源消费结构优化政策,降低二氧化碳减排对经济的负面影响,从而实现低碳经济。今后可从以下几方面着手来施行中国的能源消费结构优化工作,通过能源消费结构优化实现二氧化碳减排和经济发展的双赢。

1. 降低煤炭能源所占比例,继续调整能源消费结构

煤炭的消费量最高,对二氧化碳排放的贡献率最大,是名副其实的排碳大户,且其边际减排成本较低,因此应该减少能源消费结构中煤炭类能源所占份额。与此同时,由于中国的煤炭资源丰富,是中国主导能源的基础。中国油品资源的需求与供给严重失衡,不能满足经济和社会发展的需要,所以一方面应以西部和海域为重点,加大油品开采力度,扩大勘探范围,努力增加可供开采的油品资源;另一方面推广采用新技术、新工艺,逐步提高成品油的环境标准,发展清洁油品。

相对于煤炭和石油而言,天然气的边际减排成本最高,所以如果在保持经济增长的同时要实现相同的减排效果,增加天然气消费将更为合适。一是中国应加快对塔里木、鄂尔多斯等地区的天然气开发,积极开展战略选区工作,加强地质理论和天然气勘探基础理论研究,扩大国内天然气资源的开发利用;二是随着经济的发展和人口的增加,对天然气能源的需求量越来越大,且本身天然气资源的存储量有限,所以应加强国际合作,打通国际贸易通道,确保国际市场供应畅通,加大进口周边国家天然气以及 LNG 的力度;三是增加天然气对煤炭和石油的替代,提高天然

气在能源消费结构中的比重。

2. 促进产业结构调整，优化产业内能源消费结构

工业部门、生活部门、交通部门与商业部门四部门能源消费的边际减排成本存在较大的差异性，如工业部门能源消费量最高，对二氧化碳排放量的影响最大，且其边际减排成本较低，所以可以通过产业结构调整来进一步优化能源消费结构。目前中国正处于城市化和工业化加速发展的阶段，第二产业较为发达，高耗能行业发展过快，比重过大。为了更有效地优化能源消费结构进而实现低碳经济，需要对产业结构进行调整、改善与升级，加快发展第三产业，提高第三产业在国民经济中的比重，转变"高能耗、高排放"的经济发展方式。

工业部门为改变其煤炭消费为主的能源消费结构，首先，要重点发展高新技术产业，促进第二产业的"高加工度化"；其次，控制高能耗和高污染行业，淘汰落后产能，关闭钢铁、水泥等领域生产能力过剩、结构布局不合理、污染严重的企业，提高钢铁、有色、建材、化工、电力和轻工等行业的准入条件；最后，工业主管部门要着力推广一批节能型家用电器和设备，把节能汽车、节能型家电作为工业发展的着力点。此外，还可以建立低碳工业示范园区，推广循环经济工业园区。生活部门由于人口总量是基本确定的，所以应该更多地从居民能源消费观念和生活方式入手，通过政府相关部门加大力度宣传，培育适度消费、合理消费的消费观念，摒弃追求奢侈浪费的消费倾向。交通部门能源消费主要为油品资源的消费，油品资源的边际减排成本较低，所以一方面可以增加天然气的消费代替油品消费，如大量采用燃气出租车、公路货运发展柴油车等方式；另一方面可以力发展城市公共交通、城市与城际轨道交通，在规划城市内部发展时提前规划公共汽车、自行车租赁等低能耗型公共服务，促使私人交通数量减少。商业部门作为低耗能部门，应继续大力发展，与此同时应优化商用建筑设计，选择合理的用能设备，从而优化能源消费结构。

3. 大力发展可再生能源，改善能源消费结构

由于目前电力主要依靠煤炭和热能转换，导致整个电力行业效率较低，因此，需要积极改善能源结构，大力发展核能、风能、沼气等清洁能源和可再生能源。中国可再生能源开发利用的重点主要是太阳能、风能、核能和生物质能。在太阳能开发利用方面，力争太阳能热发电技术有所突破；在风能开发利用方面，重点在沿海和沿湖地区建设大中型风力发电项目；在核能和水能开发利用方面，应大力发展核电水电工程，要充分利用核电水电技术比较成熟的优势，进一步降低成本和提高效益；在其他可再生能源开发利用方面，开展生物质能源种植与开发利用；鼓励垃圾发电、秸秆发电。

4. 完善促进低碳经济的法律体系，建立碳排放交易机制

完善《中华人民共和国环境保护法》《中华人民共和国节约能源法》等政策法规体系对于促进中国能源消费结构优化进而实现低碳经济意义重大，为能源消费结

构的优化提供法律支撑。英国等发达国家最先建立了碳排放交易机制,并且采用税收手段,其经验表明,经济手段的引入有利于保障低碳经济有效率的发展。由于不同国家地区和行业的能源消费存在差异,其二氧化碳边际减排成本也存在较大差异,这也间接证明了碳排放权交易套利的可能性。因此可以构建自主碳交易规则,逐步引入碳银行制度等碳交易制度。

5. 推进价格机制改革,加大政府政策支持力度

资源性产品的定价要发挥市场在资源配置中的基础性作用。建立规范有序的资源有偿使用制度,建立健全生态环境补偿机制,包括资源税收改革,配套产品的价格改革,适度提高中国资源性产品的使用税,考虑征收能源消费税,通过减免税收和消费补贴等方式,促进可再生能源和新能源的生产和消费,形成合理的能源价格机制。政府部门应逐步扩大节能产品实施政府采购的范围;加大对能源综合利用的投入力度,适当给予税收减免或优惠;强化差别电价,从而实现节能减排的政策导向;鼓励政策性银行为中小企业实施节能减排技术的更新和改造提供优惠贷款;鼓励企业通过市场直接融资和利用国际金融组织、外国政府贷款,加快节能降耗技术改造等。此外,应把节能降耗、污染减排作为地方政府政绩考核、企业领导人业绩考评的重要依据,以此调动各级地方政府、各个企业领导人实现节能减排的积极性和创造性。

7.3.2　国际碳排放责任的测算方法和分配原则的确定

开放经济下,碳排放转移使得以出口为主的中国成为碳排放大国,进而承担着巨大的减排压力,但国际上对于国家碳排放责任并没有明确的界定标准,所以运用科学的测算方法界定中国碳减排责任是中国发展低碳经济的重要基础。今后可以从以下几方面界定开放经济条件下中国的碳排放责任,减少中国碳排放量,最终促进低碳社会的发展。

1. 采用"生产者消费者共担"原则,合理界定碳排放责任

解决温室气体排放问题,减排责任的设定要兼顾公平与效率原则,而现行的《京都议定书》所使用的碳排放量计算体系是以生产国国界为限制,单纯地从生产者角度出发,计算一国国内生产所造成的碳排放,并没有考虑由本国生产、他国消费的产品所造成的影响,忽略了国际商品流动背后的隐含碳排放。发展中国家与发达国家之间在产业规模、生产效率、能源利用率及技术水平等诸多方面都存在差异。从全球角度来看,这种进出口隐含污染的流动只对发达国家的环境保护有积极作用,最终会造成发展中国家以及全球环境的恶化。因此应该重新制定公平、合理、全面的核算方法来分担全球碳减排责任,"生产者消费者共担"原则作为一种修正的碳排放责任分担方案,不仅能够有效地解决国际贸易中的"碳泄露"问题,而且还可以激励隐含碳排放出口国和隐含碳排放进口国、碳排放的生产者和消费者一

起行动起来减少全球二氧化碳排放量,是一种公平有效的责任分担原则,将更有助于实现温室气体减排的效率和公平,应当得到世界各国的关注和采纳。在未来,中国需要在国际气候问题的谈判中强调消费者的减排责任,坚持用新的原则重新界定世界各国的碳排放责任,努力减少不应由中国承担的碳排放的义务和压力,争取公平的碳减排方案。

2. 努力减少生产者碳排放责任,优化能源产业结构

中国的经济发展在生产过程中存在着的资源消耗过高、产业结构失衡等一系列问题,导致了中国的生产者碳排放责任一直居高不下,因此减少生产者碳排放责任是今后中国碳减排的重点。在资源利用方面,应该加大新能源和可再生能源的研发力度,提高能源的综合利用效率,减少化石能源的消耗,从而减少生产过程中的二氧化碳排放量;在产业结构方面,应该鼓励各产业部门采取措施提高生产效率,促进中国产业由劳动密集型和资源密集型向知识密集型和资本密集型转变,大力发展循环经济的同时降低各产业部门的碳排放水平。

3. 科学制定货物进出口标准,构建"绿色"贸易体系

中国在进口商品的过程中,需要加强对进口商品的质量考核,提高进口商品的准入制度;在出口商品的过程中,限制中国高耗能、高排放产品的出口,促进中国出口商品类型的转变。同时通过制定措施扩充贸易成本的范围,增加环境成本和社会成本,结合有效的环境管理政策手段来减少国际贸易的对中国碳排放造成的影响,逐步构建和发展"绿色"贸易体系,预防和制止贸易活动给中国人民的生存环境以及身体健康带来的损害,从而实现贸易的可持续发展。

7.3.3 中国区域碳减排政策的设计和优化

发展低碳经济,要统筹兼顾,在从国家层面考量碳减排的同时,兼顾区域社会-经济-环境复杂系统,本书从区域角度,明确政府职能的基础上,设定区域碳减排目标,因地制宜制定适宜中国东、中、西部的减排政策,具体政策措施如下:

1. 加强政府的干预和统筹引导作用,解除"锁定效应"的束缚

碳减排是典型的外部性问题,需要政府的调控才能有效进行。首先必须要建立强有力的领导机构,加强政府对低碳发展的统筹能力。建议在国家节能减排领导小组的职能中,纳入低碳发展和二氧化碳减排的指导职能。在省(区、市)级政府建立高级别的碳减排领导机构,负责当地的碳减排领导和统筹协调工作。低碳发展道路需要各部门通力合作才能实现战略发展目标。低碳发展领导部门要积极参与城市规划、重大工程项目申请等重大事务的决策,确保工作方向与低碳发展的总体道路相符。其次,要择机实施碳减排总量目标的区域分解和绩效考核。及时在适当的时机"自上而下"和"自下而上"相结合,将碳减排总量目标(相对量/绝对量)分配给各个区域,实行一把手负责制。此外,为加强各地政府部门的协作,可将碳

减排的绩效成果纳入到地方政府、部门领导干部的考核体系中来。第三,重视政府引导,解除"锁定效应"的束缚。萨瑟提出的"锁定效应"是指先开发出来的技术通常可以依靠先发制人的优势取得领先地位。然而,更具优势的技术也可能较其他技术更晚面世,因没有获得足够的支持者而陷于困境,甚至"锁定"(lock-in)在这种被动状态中,形成恶性循环。改革开放以来,面对清洁生产技术较高的重新学习成本和转移成本,企业已经形成对传统的燃煤生产技术的严重依赖,低碳生产方式的培育遭遇到路径依赖锁定效应。对于已形成的路径锁定,亟需政府通过有意识的引导,主动偏离现有的高能耗生产方式进行"解锁"(lock-out),从而创造出新的发展路径,逐步改变因规避风险或降低成本而维持的高碳生产方式,并从更长远的角度进行统筹规划,为破除路径依赖提供长效动力。

2. 兼顾"自上而下"和"自下而上"的分解方式,及时明确并调整区域碳减排目标

第一,碳减排目标的区域分解要注意区域碳减排潜力及经济发展水平的差异性等因素,所以将国家的碳减排总量控制目标和区域实际情况结合起来进行决策,即碳减排目标的分解最好采取"自上而下"与"自下而上"相结合的方式。本书以全国碳减排成本最小化为目标,以区域碳减排潜力等为约束条件提出的减排配额方案重视了区域的差异性,让碳减排成本低的区域承担了较大的减排任务,同时将减排任务控制在区域产出总量可以承受的范围之内,相对"十一五"节能减排规划中"自上而下"、"一刀切"式的区域减排目标分配更加有效率;第二,要重视产业结构调整和区域之间高能耗产业的转移对碳减排目标分配的影响。比如,东部沿海和南部沿海地区向中西部转移高能耗产业之后,产业结构的变化影响其总体碳减排责任,其所承担的减排目标应当发生变化,而接受产业转移的区域的碳减排目标也应适当调整;第三,明确碳减排中长期目标并做好政策的衔接工作。国家可在充分研究的基础上,尽早制定《国家中长期低碳发展规划》或者《国家低碳发展路线图》,确立今后不同发展阶段内的碳减排目标,并做好各阶段碳减排目标的衔接工作,使碳减排目标设定具有阶段性和连贯性,为区域碳减排目标分解打好基础。

3. 重视区域的差异性,因地制宜地实施区域碳减排重点措施

中国地域辽阔、地区差异显著,本书从区域碳减排责任、减排潜力的角度出发,综合考虑各区域中经济发展水平、人口、产业结构等方面的特征,因地制宜地提出区域碳减排的实施方案。

(1) 中西部和东北地区应充分利用政府的财政转移支付政策,加强产业链升级

政府应加大对这些地区的支持力度,一方面因为中西部和东北的经济发展情况在全国处于中等及以下水平,另一方面,根据本书的测算,中部地区的碳减排总

责任高居全国之首,且中部地区是区域间产品流动的集散地,与其他区域的关联性强,中部和东北地区分解到的碳减排任务也紧跟在沿海地区之后,可以说是国家实现碳减排目标的关键区域。因此,政府应制定向其倾斜的财政转移支付政策,提高该区域的经济发展水平,消除区域碳减排实施过程中的障碍。中部和西南区域对农业的依赖性强,农产品的生产还停留在初级产品阶段,应注意引进先进技术,发展附加值高且碳排放量较小的农产品加工业,加快工业化进程和提高服务业比重,同时人口众多的特征迫切需要这些区域的生活方式低碳化;西南地区的建筑业和交通运输业碳减排责任较大,可大力发展节能型建筑,实行建筑节能,并防止高碳行业的过度迁入;东北区域作为重工业发展的传统基地,可大力发展清洁能源和清洁生产机制,提升产业链,降低高耗能、资源型产业的比重。

(2) 中部区域应继续落实人口政策,倡导低碳生活方式

中部地区人口众多,对电力蒸气热水、煤气自来水等需求较大,碳减排责任随之增加,所以应继续落实计划生育政策,控制人口数量,提高人口质量,并通过政策措施引导调动民众参与碳减排的积极性。第一,表彰先进、批评落后,使碳减排的观念普及化、深入化,促使民众逐渐树立节能减排的观念;第二,加强节能减排的宣传力度,营造碳减排的良好氛围,改变消费观,将消费方式从崇拜物质消费向绿色消费和节约消费转变;第三,充分发挥非政府组织等机构在节能减排方面的重要作用。

(3) 沿海地区要注意转变经济发展方式和生产方式,走新型工业化道路

东部、南部和北部沿海地区偏重发展工业,工业产生碳减排责任所占的比重非常大,本书测算显示这三大区域承担的碳减排任务排在全国前列,因此,沿海地区的碳减排重点在于转变经济发展方式和生产方式。在转变生产方式方面,沿海地区应注重培育工业部门的低碳生产方式。第一,加快淘汰高能耗行业的落后产能,鼓励高能耗行业的竞争和兼并,加强工业主管部门和钢铁、水泥、有色金属、化工等高能耗行业协会在工业节能方面的支持力度;第二,通过国际协商与合作机制,促进发达国家对中国的技术转让,增强低碳技术的国际引进、消化和二次创新,除了国际引进,还应自主研发加工转换技术,建立具有高能耗行业的节能技术服务中心,为企业节能减排提供更多实质性的技术支持;三是对新建立的高能耗行业加强引导和调控,以国际先进水平为建立标准,引进先进的技术和管理经验,从行业进入和生产环节中要求采用清洁生产技术;四是积极发展可再生能源,降低对化石能源的依赖,提高一次能源使用中太阳能、风能、核能、地热能、生物质能等非化石能源的比重,调整能源消费结构。此外,在转变发展方式方面,要重点提高内需对经济的拉动作用,沿海地区中的南部沿海地区是对外贸易的窗口,更应注意适当限制"大进大出"、"两头在外"型工业发展,减少高耗能产品的出口,注意调整对外贸易结构,把生产的目标转移到国内需求上来。

（4）京津地区应注重低碳交通和科技创新，寻找碳减排的突破口

京津区域碳减排潜力有限，但其交通运输业产生的碳减排责任占很大的比重，京津的交通容量大，拥堵情况严重，交通运输系统产生的碳排放量不可小视，因此，京津地区应注意优化发展城市公交系统和节能型交通，以低碳交通为重点碳减排方向。交通低碳化主要可综合运用三种减排方式，一是技术性减碳，包括交通方式的选择、实时路况、导航及换乘等，通过倡导均衡利用交通设施和运力供给，实现高效的交通服务，同时在多路段设置电子眼，安装智能红绿灯，更好的指导交通车辆的通行；二是结构性减碳，主要可通过完善路网系统和运力结构调整等措施来实现，完善路网系统包括优化各种运输方式网络规模的比例结构、布局结构、不同层次的网络结构等，如构建主干道网络和支路网络密切结合的路网系统，与城市各个方向均有便捷的出入通道。注意建设人行道及配套设施，在与城市功能分区相结合的基础上，构建综合性运输枢纽，实现多种运输方式的无缝对接和"零换乘"，其次可以实施以公共交通为导向的发展策略（TOD），形成便捷、舒适、安全和经济的公交服务体系，再次，以快速公交（BRT）网为支撑、普线网为基础、支线网为补充，通过改善运力结构和公交运能来实现低碳交通；三是需求调控减碳，通过对人们交通行为方式和消费观念的有效引导与调节，减少低效和不合理的交通需求。利用广播电视、社区、图书馆、学校、网络等载体，大力宣传和普及低碳交通知识，帮助居民树立低碳出行观念，并且提高公交、自行车等低碳交通工具的吸引力，如提高公交的服务质量和运营效率，加强公共交通之间衔接，规划自行车专用道路网络、实行自行车租用等，积极引导人们选择低碳交通工具出行。

此外，京津地区经济发展水平高，进行高新技术研发的环境较为成熟，可重视提高科技创新带来的直接贡献和间接贡献，依靠科技创新实现低碳发展。政府应加大对碳捕集和封存技术等低碳技术、核电技术、可再生能源技术研发的投入力度，重点支持建立一批低碳工业园、低碳示范城市或社区，发挥先进低碳技术的领先优势和示范作用；提高生产和服务过程中的科技含量，加大科技投入对能源消耗的替代比例，政府还可以对取得创新成果的企业提供优惠政策，鼓励和推动技术进步，以创新带动经济发展和碳减排的双重发展，充分发挥科技创新的间接贡献。

4. 构建区域碳减排协调机制，促进区域有效实现碳减排目标

确定在全国碳减排成本最小化控制下的区域碳减排目标之后，可以通过征收碳税、构建碳交易平台等措施调整实现区域碳减排任务。第一，设定区域减排目标之后各区域的减排工作可通过征收碳税来调整实现；第二，根据碳减排责任设立区域碳排放预算的基础上，通过构建区域的碳交易平台，由各区域碳减排权的供给和需求形成"碳交易价格"，有效实现中国区域间的碳交易。东部和南部区域的碳减排责任高于其碳直接排放量，中部、西部和北部区域则相反，作为生态补偿东部和南部区域可利用自身的经济和技术优势，对中部、西部和北部区域进行资本和技术

输出,帮助这些区域实现碳减排目标。据悉,目前中国的环境交易所(包括北京环境交易所、天津排放权交易所和上海能源环境交易所)都在致力于建立中国本土的碳价格机制,此外,还应加强研究和局部试点,以期逐步完善;第三,通过政府补贴增加区域碳减排目标分配的公平性。虽然本书的区域减排目标分配方案是重视成本和效率的,目标分配方案中减排成本较低的区域承担了较多的减排任务,但如果这些减排成本由全部由低减排成本的区域自己来承担有失公平,这可能需要其他的区域给予适当的补贴,使区域减排目标分配方案有更强的可操作性。

5. 建立健全碳排放统计监测体系,做好碳减排的基础性工作

建立定量的碳排放统计体系是计量、报告和考核的基础,2007 年的气候变化公约第 13 次缔约方大会上,联合国气候变化框架公约组织明确提出,发展中国家所采取的碳减排行动必须是"可测量、可报告、可核实"的,体现出统计工作对于碳减排的重要作用。因此从以下三个方面提出建议:

第一,国家统计局牵头建立碳排放数据的调查和统计体系,设置专门机构负责碳排放数据的统计。《哥本哈根协议》规定对发展中国家的自主减缓行动开展国际磋商和分析,未来将就具体细节进行谈判,这对中国相关统计、考核体系的建设提出了很高的要求。

第二,建立以项目为统计单位的碳减排评估机制,为碳交易市场的交易方提供公平、公正、公开的第三方评估结果。

第三,继续开展有关碳排放监测和考核的研究项目,建立二氧化碳排放统计监测技术体系。在相关项目研究方面,有针对一个部门内碳排放监测的研究,如2010 年重点科研课题《建设低碳交通运输体系研究》的配套支撑研究项目《交通运输行业碳排放统计监测及低碳政策研究》中就包含了碳排放统计监测与考核体系研究等研究内容,作出了碳减排统计监测的基础研究。而从更广泛的范围来说,由于城市和森林生态系统的时空异质性和尺度复杂性,大范围、长期、持续、同步想要监测城市和森林生态关键指标存在更大的困难,而无线传感网在碳排放监测中具有得天独厚的技术优势,因而应开展大规模传感网的基础理论与关键技术研究,构建相应的典型应用系统,为碳排放监测向多站点联合、多系统组合、多尺度拟合、多目标融合的方向发展创造条件,逐步建立二氧化碳排放统计监测技术体系。

7.3.4 中国产业部门碳减排政策的设计和优化

根据对各产业部门碳排放量、碳减排责任分配及碳减排效果影响因素的分析,今后可从以下几方面着手来展开中国产业部门的碳减排工作:

1. 优化能源结构,调整能源发展战略

目前,中国以煤炭为主的能源消费结构是中国二氧化碳排放量居高不下的重要原因之一。可见,积极的能源政策不失为减缓二氧化碳排放增长速度的有效途

径。据统计,煤、石油、天然气的排放系数为 1∶0.8∶0.6,不同种类能源的碳排放系数不同,所带来的二氧化碳排放量自然也就不同。如果能源消费结构中优质、高效的能源消费品种比重增加,满足同样的经济社会发展需求,所需要的能源消费总量会相应减少,造成的二氧化碳排放量也会减少。因此,我们要积极推进能源结构的改变,降低高排放、高污染能源资源的开采和使用比重,加大低能耗、低污染能源的开发与使用。要做到节能减排应该注重调整终端能源消费结构,减少煤炭在能源消费中所占的比重,提高石油、天然气、水电所占的比重,逐步增加风电能、太阳能、生物能源及可再生能源等清洁能源的投资力度,争取做到在降低传统能源资源(主要是化石能源)压力的同时减轻环境压力。从能源发展战略角度上看,中国应从两方面着手:一方面要推动传统化石能源进行深加工;另一方面又要将发展清洁能源作为碳减排事前规制的重要手段,加大对可再生替代能源的研究力度。

2. 引进先进技术,促进产业结构升级

与耗能之后再去解决减排问题相比,直接在在经济发展过程中减少能耗是解决二氧化碳排放问题是更为有效的方法。前文的分析表明,碳减排责任主要集中在煤炭开采和洗选业、交通运输业、非金属矿物制品业、化学工业等能源密集型部门,这些高能耗、高污染部门受生产技术影响较为显著,技术进步对减少这些部门碳污染排放的有效性较高。技术是降低 CO_2 排放关键的驱动因素,主要可以从以下几个方面为切入点:广泛采用先进生产技术,减少产品生产中的资源消耗量,提高能源利用效率,使生产、消费过程的环境性更为友好,最终实现节能减排;大力发展煤炭清洁技术,积极研发清洁能源开采技术,鼓励推广太阳能等低碳能源生产技术。从本书的分析可以看出,非金属矿物制品业、化学工业、金属冶炼及压延加工业等工业行业的碳减排责任较大,而批发、零售、住宿、餐饮等属于第三产业的行业碳排放责任较小。因此,我们可以通过产业结构的调整来实现碳减排:一方面限制能源消费较大、碳排放较多的行业发展,另一方面要鼓励能耗低、附加值高的产业发展。还要大力发展高附加值、低能耗的第三产业,提升第三产业在 GDP 当中的比重,鼓励建立和发展绿色产业、环保产业等,逐步提高技术密集型和知识密集型产业的比例,使产业结构得以不断优化,减少对能源的依赖和消耗,减少二氧化碳排放量。

3. 调整贸易结构,适当控制出口规模

中国出口的商品主要以高能耗产品为主,出口贸易对中国的二氧化碳排放量也做出了极大的“贡献”。研究发现中国在积极开展对外贸易满足进口国消费需求的同时,承担了过多的碳排放责任,还促进了石油加工、炼焦及核燃料加工业、非金属矿物制品业等高能耗、高排放行业的发展,对中国的生态环境造成了不良影响。结合各行业碳排放系数及贸易数据可知,在部门能耗强度一定的情况下,尤其对碳排放强度较大的部门,增加出口创汇可能会引起国内碳排放量的大幅增加。

中国对外贸易隐含碳排放净出口额的迅速增长与中国外向型经济增长模式带来的巨额贸易顺差密切相关，但这并不意味着要盲目控制出口规模以减少出口隐含碳排放量，而应致力于进出口贸易结构的优化上，中国外贸政策的调整应在节能减排方面做出更多努力。出口方面要提高产品的技术含量，逐步向产品高端化迈进。除了实施强制性的如限制"两高一资"产品出口的措施，还需要在产品的生产链上实施以节能减排为核心的更广泛的规制，促使中国部门技术水平有更快的提升。在进口方面，要继续鼓励能源密集型产品的进口，对于 CO_2 排放较多的部门实施进口替代战略，鼓励钢铁、机械设备、水泥等建筑材料的进口，并进一步调整进口产品结构，增加高科技含量产品及其设备的进口。就各部门而言，对于通信设备、计算机及其他电子设备制造业，纺织业，纺织服装鞋帽皮革羽绒及其制品业等碳排放系数较低的行业维持其产品的出口是必要的，关键是要促进此类产品的换代升级，提高这些产品的附加值；而对于煤炭开采和洗选业，交通运输、仓储和邮政业，石油和天然气开采业，石油加工、炼焦及核燃料加工业，化学工业等高耗能、高排放行业的产品出口要进行必要的限制。国家可以通过出口环境税、产品和行业准出制度等手段限制高耗能、高排放产品和行业的出口以减少污染和温室气体排放。

中国在目前的国际分工体系中还处于比较低端的加工环节，这为发达国家对中国的碳排放转移提供了机会，是中国碳排放不断增加的重要原因之一。中国正处于工业化和城市化建设的进程中，需要充足的资金和先进的技术来向环境友好的生产轨迹发展，应向欧盟、美国、日本等发达国家寻求资金支持和技术援助。发达国家通过贸易消费了大量的中国制造产品，理应承担部分责任，每年向中国提供一定数量的资金援助，通过建立清洁发展机制（CDM）来帮助中国提高生产效率，减少 CO_2 排放，发展低碳经济。

7.3.5 中国发展低碳经济的碳税设计和实施

1. 加快产业结构调整，推动低碳经济发展

征收碳税对不同产业的影响存在差异，例如"电力、热力的生产和供应业""石油加工、炼焦及核燃料加工业"等高能耗部门与"仪器仪表及文化""办公用机械工艺品及其他制造业"等低能耗部门存在巨大的税收差距。因此，在促进低碳经济发展的背景下，需要加大产业结构调整步伐，加快发展战略支撑产业，改造、提升传统优势产业，大力发展现代服务业，实现经济又好又快发展的目标。

2. 采取更有策略的税收征收方式

在税收征收方式上要注意制约与激励相结合，一方面通过征税限制企业和个人对化石能源的消耗；另一方面，对于类似"电力、热力的生产和供应业"的高能耗部门，因为碳税制度实施的初始阶段必定会对其产出和发展产生巨大压力，所以为了鼓励企业改变能源消耗的结构，可以将这部分税收作为鼓励企业研究清洁发展

机制的基金,激励企业使用清洁能源和可再生能源,提高能源利用效率,从而促进环境改善和经济社会可持续发展。

3. 碳税税率的选择水平

高投入、高消耗、高污染、低效益"三高一低"的粗放式增长方式与目前以制造业为主的经济发展阶段有关,因此政府应当在大力发展经济的背景下兼顾环境保护,在选择碳税政策时,在短期内应选择低税率、对经济负面影响较小、以筹集适量财政资金为主、以减少碳排放为辅的碳税;到中长期再考虑实施以减少碳排放为主、以筹集资金收入为辅的碳税政策。

总 结 与 展 望

当前,气候变化已成为世界各国面临的共同挑战,大幅度减少当前和未来的温室气体排放已成为全球实现控制温室气体浓度以及发展低碳经济的根本途径。因此,科学界定世界各国之间、各区域之间以及各产业部门之间的碳排放责任,明确各主体减少碳排放的目标,已成为经济社会低碳化发展的重要研究内容。

作为经济飞速增长的发展中大国和第一大温室气体排放国,中国在温室气体减排问题上面临着国际社会施加的巨大压力。因而,减少二氧化碳排放量、大力发展低碳经济已经成为中国应对国际舆论压力、保持经济持续发展的根本路径。本书正是基于上述背景,对开放经济条件下中国碳排放责任展开系统研究,为中国发展低碳经济提供理论支持和决策参考。

首先,本书梳理了国内外关于发展低碳经济和碳减排责任分担的研究文献和会议报告,全面把握了低碳经济和责任分担的相关概念、内涵、原则等理论脉络,为整个研究的展开奠定了坚实的理论基础。

其次,本书通过宏观数据分析和实地调研分析,从能源消费现状、污染物排放现状、碳排放驱动因素等多个角度全面把握了中国低碳经济的发展现状,探讨了中国经济发展中的问题和阻碍中国低碳经济发展的关键因素,为研究中国的碳减排责任做了充分的理论准备。

然后,本书从国家碳减排责任、区域碳减排责任以及产业部门碳减排责任三个层面,基于动态视角着重研究了开放经济条件下中国碳减排责任相关问题。其中,针对国家碳减排责任分担的研究,本书选取了包含中国在内的 25 个世贸组织成员国,比较了"生产者承担"原则和"生产者消费者共担"原则下各国碳减排责任的变化,从而为碳减排目标在国家层面的分配提供了指导意见;针对区域碳减排责任分担的研究,本书依据投入产出模型对各区域的碳排放效率进行了科学测算,同时对各区域碳减排绩效与潜力进行了分析,为各区域碳减排目标的确定提供了参考依据;针对产业部门碳减排责任分担的研究,本书从产业部门碳减排的紧迫性出发,对产业部门碳排放的测算方法和碳减排责任的分配原则进行了分析,为中国产业层面的碳减排提供了工作思路。

最后,本书从最优碳税的模拟、国内外发展低碳经济的经验借鉴等角度,对开放经济条件下实现中国高效碳减排的政策建议进行了设计。

本书取得了丰富的研究成果,但是由于数据、时间等各方面的限制,本书的研究依然存在一定的不足之处。首先,本书主要集中在产业、区域、国家等中宏观层面的碳减排研究,而减少碳排放量、发展低碳经济最终需要落实到企业微观层面,所以未来的研究需要加强对微观企业的调研和分析;其次,除了生产活动之外,人们的日常生活也是造成中国碳排放量居高不下的重要原因,加强这方面的研究对于实现中国碳减排的高效实施具有重要的推动作用,需要未来研究的进一步跟进。对于这些不足之处希望以后的研究能够改进。

参考文献

［1］阿瑟.经济中的正反馈[J].经济社会体制比较,1998(6):17-22.

［2］鲍健强,苗阳,陈锋.低碳经济:人类经济发展方式的新变革[J].中国工业经济,2008(4):155-159.

［3］鲍健强,朱逢佳.从创建低碳经济到应对能源挑战——解读英国能源政策的变化与特点[J].浙江工业大学学报,2009(6):148-153.

［4］曾胜,黄登仕.中国能源消费、经济增长与能源效率:基于1980—2007年的实证分析[J].数量经济技术经济研究,2009(8):17-28.

［5］陈百强,杜红亮.试论耕地占用与GDP增长的脱钩研究[J].资源科学,2006,28(5):36-42.

［6］陈国伟.低碳城市研究理论与实践初探[J].江苏城市规划,2009(7):41-44.

［7］陈柳钦.低碳经济演进:国际动向与中国行动[J].科学决策,2010(4):1-18.

［8］陈诗一.工业二氧化碳的影子价格:参数化和非参数化方法[J].世界经济,2010(8):93-111.

［9］陈文颖,吴宗鑫.碳排放权分配与碳排放权交易[J].清华大学学报(自然科学版),1998,38(12):15-18.

［10］陈曦.中国对外贸易中的隐含碳排放研究[D].广州:暨南大学,2011.

［11］陈亚雯.西方国家低碳经济政策与实践创新对中国的启示[J].经济问题探索,2010(8):1-7.

［12］陈迎,潘家华,谢来辉.中国外贸进出口商品中的内涵能源及其政策含义[J].经济研究,2008(7):11-25.

［13］陈迎.中国能否实现2020碳减排行动目标[J].绿叶,2010(4):112-115.

［14］单豪杰.中国资本存量K的再估算:1952—2006年[J].数量经济技术经济研究,2008(10):17-31.

［15］樊纲,苏铭,曹静.最终消费与碳减排责任的经济学分析[J].经济研究,2010(1):4-14.

［16］方时姣.低碳经济的实质是能源经济革命[EB/OL](2009-05-20).国际能源网,

http://www.in-en.com/.

[17] 付允,马永欢,刘怡君,牛文元. 低碳经济的发展模式研究[J]. 中国人口资源与环境,2008,18(3):14-19.

[18] 高海燕. 我国出口产品的碳排放及减排对策研究[D]. 天津:天津财经大学,2011.

[19] 高金田,董博,许冬兰. 基于隐含碳测算的我国进出口贸易结构优化研究[J]. 山东大学学报,2011(5):18-25.

[20] 高鹏飞,陈文颖,何建坤. 中国的二氧化碳边际减排成本[J]. 清华大学学报,2004(9):1192-1195.

[21] 国家信息中心. 中国区域间投入产出表[M]. 北京:社会科学文献出版社,2005.

[22] 姬振海. 低碳经济与清洁发展机制[J]. 中国环境管理干部学院学报,2008,18(2):1-4.

[23] 纪玉山,赵洪亮. 发展权视角下的中国碳减排责任分析[J]. 综合竞争力,2010(4):84-88.

[24] 季春艺,杨红强. 国际贸易隐含碳排放的研究进展:文献述评[J]. 对外经济贸易大学学报,2011(6):64-71.

[25] 蒋雪梅,汪寿阳. 正确认识"生产国"与"消费国"碳排放责任[J]. 科学促进发展,2011(1):55-60.

[26] 金乐琴,刘瑞. 低碳经济与中国经济发展模式转型[J]. 经济问题探索,2009(1):84-87.

[27] 匡新瑞. 我国经济发展与二氧化碳排放研究[D]. 无锡:江南大学,2009.

[28] 李国璋,霍宗杰. 中国能源消费、能源消费结构与经济增长[J]. 当代经济科学,2010(3):55-126.

[29] 李丽平,任勇,田春秀. 国际贸易视角下的中国碳排放责任分析[J]. 环境保护,2008(3):62-64.

[30] 李奇云,商凯. 二氧化碳排放的影响因素分析与碳税减排政策的设计[J]. 财政研究,2009(10):41-44.

[31] 李善同. 2002年中国地区扩展投入产出表:编制与应用[M]. 北京:北京经济科学出版社,2010.

[32] 李陶,陈林菊,范英. 基于非线性规划的中国省区碳强度减排配额研究[J]. 管理评论,2010(6):54-60.

[33] 李武军,黄炳南. 中国低碳经济政策链范式研究[J]. 中国人口·资源与环境,2010(10):19-22.

[34] 李忠民,庆东瑞. 经济增长与二氧化碳脱钩实证研究——以山西省为例[J]. 福建论坛·人文社会科学版,2010(2):67-72.

[35] 廖明球. 投入产出及其扩展分析[M]. 北京:首都经济贸易大学出版社,2009.

[36] 林伯强,蒋竺均. 中国二氧化碳的环境库兹涅茨曲线预测及影响因素分析[J]. 管

理世界,2009(4):27-36.

[37] 林伯强.低碳经济发展模式需要解决哪些问题[J].中国中小企业,2009(9):25-26.

[38] 刘明磊,朱磊,范英.我国省级碳排放绩效评价及边际减排成本估计:基于非参数距离函数方法[J].中国软科学,2011(3):106-114.

[39] 刘强,庄幸,姜克隽,韩文科.中国出口贸易中的载能量及碳排放量分析[J].中国工业经济,2008(8):46-55.

[40] 刘小玄.民营化改制对中国产业效率的效果分析——2001年全国普查工业数据的分析[J].经济研究,2004(8):16-26.

[41] 柳云状.中国发展低碳建筑的障碍因素及对策研究[D].重庆:重庆大学,2010.

[42] 刘志雄,梁冬梅.中国低碳经济发展的能源消费分析及比较[J].生态经济,2011(1):49-54.

[43] 刘遵义,陈锡康.非竞争型投入占用产出模型及其应用中美贸易顺差透视[J].中国社会科学,2007(5):91-103.

[44] 罗斐,罗婉婉.中国能源消费结构优化的问题与对策[J].中国煤炭,2009(7):21-25.

[45] 马述忠,陈颖.进出口贸易对中国隐含碳排放量的影响:2000—2009年基于国内消费视角的单区域投入产出模型分析[J].财贸经济,2010(12):82-145.

[46] 穆智蕊,杨翠红.出口结构及其变动对国民经济影响的分析[J].经济学研究,2009(2):39-44.

[47] 牛叔文,丁永霞,李怡欣,罗光华,牛云翥.能源消耗、经济增长和碳排放之间的关联分析[J].中国软科学,2010(5):12-20.

[48] 牛文元.低碳经济是落实科学发展观的重要突破口[J].中国科技奖励,2009(3):19.

[49] 彭国富,蔡扬扬.基于OR分析框架的人民币汇率评估[J].统计研究,2010(4):89-95.

[50] 齐晔,李惠民,徐明.中国进出口贸易中的隐含碳估算[J].中国人口·资源与环境,2008,18(3):8-13.

[51] 闰云凤,杨来科.金融危机条件下我国出口贸易向低碳经济转型[J].国际贸易研究,2010(5):41-45.

[52] 施立松.哥本哈根体验生活[N].人民日报,2009-10-16.

[53] 帅通,袁雯.上海市产业结构和能源结构的变动对碳排放的影响及应对策略[J].长江流域资源与环境,2009(4):885-889.

[54] 宋德勇,卢忠宝.中国碳排放影响因素分解及其周期性波动研究[J].中国人口·资源与环境,2009(3):18-24.

[55] 苏明,傅志华,许文,王志刚,李欣,梁强.我国开征碳税问题研究[J].经济研究参

考,2009(72):2-16.

[56] 孙根年,李静,魏艳旭.环境学习曲线与我国碳减排目标的地区分解[J].环境科学研究,2011,24(10):1194-1202.

[57] 涂正革.工业二氧化硫排放的影子价格:一个新的分析框架[J].经济学(季刊),2009,9(1):259-281.

[58] 王灿,陈吉宁.基于CGE模型的CO_2减排对中国经济的影响[J].清华大学学报,2004(12):1621-1624.

[59] 王峰,吴丽华,杨超.中国经济发展中碳排放增长的驱动因素研究[J].经济研究,2010(2):123-135.

[60] 王克强.国际能源发展趋势分析[J].上海财经大学学报,2009(11):57-64.

[61] 王群伟,周德群,周鹏.区域二氧化碳排放绩效及减排潜力研究——以我国主要工业省区为例[J].科学学研究,2011,29(6):868-875.

[62] 王群伟,周鹏,周德群.我国二氧化碳排放绩效的动态变化、区域差异及影响因素[J].中国工业经济,2010(1):45-54.

[63] 王顺庆.我国能源结构的不合理性及对策研究[J].生态经济,2006(11):63-65.

[64] 王涛,陈立滇.来自石油输出国组织与世界石油大会联合研讨会的信息:CO_2捕集与储存技术[J].世界石油工业,2004(6):38-42.

[65] 王薇.记者近日探访建设中的崇明东滩生态城——生态城未来什么样?[N].人民日报,2008-02-21(5).

[66] 王文举,向其凤.国际贸易中的隐含碳排放核算及责任分配[J].中国工业经济,2011(10):56-64.

[67] 魏本勇,方修琦,王媛.基于投入产出分析的中国国际贸易碳排放研究[J].北京师范大学学报(自然科学版),2009(4):413-419.

[68] 魏涛远,格罗姆斯洛德.征收碳税对中国经济与温室气体排放的影响[J].世界经济与政治,2002(8):47-49.

[69] 吴先华,郭际,郭雯倩.基于商品贸易的中美间碳排放转移测算及启示[J].科学学研究,2011(9):23-30.

[70] 夏炎,杨翠红.基于投入产出优化方法的行业节能潜力和节能目标分析[J].管理评论,2010(6):93-99.

[71] 徐国泉,刘则渊,姜照华.中国碳排放的因素分解模型及实证分析:1995-2004[J].中国人口·资源与环境,2006(6):158-161.

[72] 胥明琳.发达国家低碳经济的实践及对中国的启示[D].西安:西安建筑科技大学,2012.

[73] 徐盈之,董琳琳.如何实现二氧化碳减排和经济发展的双赢?——能源结构优化视角下的实证分析[J].中国地质大学学报(社会科学版),2011(6):31-37.

[74] 徐盈之,郭进.开放经济条件下国家碳排放责任比较研究[J].中国人口·资源与

环境,2014(1):55-63.

[75] 徐盈之,胡永舜.中国制造业部门碳排放的差异分析:基于投入产出模型的分解研究[J].软科学,2011(4):69-75.

[76] 徐盈之,吕璐.基于投入产出分析的我国碳减排责任分配优化研究[J].东南大学学报(哲学社会科学版),2014(3):15-22.

[77] 徐盈之,徐康宁,胡永舜.中国制造业碳排放的驱动因素及脱钩效应[J].统计研究,2011(7):55-61.

[78] 徐盈之,张赟.中国区域碳减排责任及碳减排潜力研究[J].财贸研究,2013(2):50-59.

[79] 徐盈之,周秀丽.基于"生产者与消费者共担"原则的最优碳税模拟[J].中国地质大学学报(社会科学版),2014(5):36-44.

[80] 徐盈之,周秀丽.碳税政策下的我国低碳技术创新——基于动态面板数据的实证研究[J].财经科学,2014(9):131-140.

[81] 徐盈之,邹芳.基于投入产出分析法的我国各产业部门碳减排责任研究[J].产业经济研究,2010(5):27-34.

[82] 许冬兰.生态环境逆差与绿色贸易转型:基于隐含碳与隐含能估算[J].中国地质大学学报(社会科学版),2012(1):19-25.

[83] 闫云凤,赵忠秀,王苒.中欧贸易隐含碳及政策启示——基于投入产出模型的实证研究[J].财贸研究,2012(2):76-82.

[84] 杨超,王锋,门明.征收碳税对二氧化碳减排及宏观经济的影响分析[J].统计研究,2011(7):45-54.

[85] 杨会民,王媛,刘冠飞.2002年与2007年中国进出口贸易隐含碳研究[J].资源科学,2011(8):1563-1569.

[86] 姚亮,刘晶茹.中国八大区域间碳排放转移研究[J].中国人口·资源与环境,2010(20):131-133.

[87] 姚洋.非国有经济成分对我国工业企业技术效率的影响[J].经济研究,1998(12):29-35.

[88] 尹显萍,程茗.中美商品贸易中的内涵碳分析及其政策含义[J].中国工业经济,2010(8):45-55.

[89] 袁富华.低碳经济约束下的中国潜在经济增长[J].经济研究,2010(8):79-89.

[90] 袁男优.低碳经济的概念内涵[J].城市环境与城市生态,2010(1):43-46.

[91] 张爱军.我国发展低碳经济的政策选择[J].宏观经济管理,2010(1):55-56.

[92] 张雷.经济发展对碳排放的影响[J].地理学报,2003(4):629-637.

[93] 张友国.经济发展方式变化对中国碳排放强度的影响[J].经济研究,2010(4):120-133.

[94] 张增凯,郭菊娥.基于隐含碳排放的碳减排目标研究[J].中国人口·资源与环境,

2011,21(12):15-21.

[95] 赵一平,孙启宏,段宁.中国经济发展与能源消费响应关系研究——基于相对"脱钩"与"复钩"理论的实证研究[J].科研管理,2006(3):128-135.

[96] 赵云君,文启湘.环境库兹涅茨曲线及其在我国的修正[J].经济学家,2004(5):70-74.

[97] 郑新业.全球二氧化碳减排形势和策略[J].前线,2010(6):55-57.

[98] 中国2007年投入产出表分析应用课题组.正确认识出口贸易对中国经济增长的贡献[J].统计研究,2010(11):3-8.

[99] 中国非竞争型投入产出表编制应用课题组.我国非竞争型投入产出表编制及其应用分析[J].研究参考资料,2008(23):79-83.

[100] 钟锦文,张晓盈.关于我国碳税征收的研究[J].价格理论与实践,2010(7):59-60.

[101] 周岚,张京祥.低碳时代的生态城市规划与建设[M].北京:中国建筑工业出版社,2010.

[102] 周茂荣,谭秀杰.国外关于贸易碳排放责任划分问题的研究评述[J].国际贸易问题,2012(6):104-113.

[103] 周新.国际贸易中的隐含碳排放核算及贸易调整后的国家温室气体排放[J].管理评论,2010(6):17-23.

[104] 朱永彬,刘晓,王铮.碳税政策的减排效果及其对我国经济的影响分析[J].战略与决策,2010(4):1-9.

[105] 庄贵阳.低碳经济:气候变化背景下中国的发展之路[M].北京:气象出版社,2007:28-30.

[106] 邹璇.能源结构优化与经济增长[J].经济问题探索,2010(7):33-39.

[107] A S Dagoumas, T S Barker. Pathways to a low-carbon economy for the UK with the macro-econometric E3MG model[J]. Energy Policy, 2010, 38:3067—3077.

[108] Abdeen Mustafa Omer. Focus on low carbon technologies: The positive solution [J]. Renewable and Sustainable Energy Reviews, 2007(4):1-27.

[109] Ackerman F, Ishikawa M, Suga M. The carbon content of Japan-US trade[J]. Energy Policy, 2007, 35:4455-4462.

[110] Ahmad N, Wyckoff A W. Carbon dioxide emissions embodied in international trade of goods [R]. OECD Science, Technology and Industry Working Papers, 2003.

[111] Aiken D V, Pasurka C A. Adjusting the measurement of US manufacturing productivity for air pollution emissions control[J]. Resource and Energy Economics, 2003, 25:420-432.

[112] Alexandra Marques, João Rodrigues, Manfred Lenzen, et al. Income-based envi-

ronmental responsibility[J]. Ecological Economics, 2012, 84:57-65.

[113] Alfredo Marvão Pereira, Rui Manuel Marvão Pereira. Is fuel-switching a no-regrets environmental policy? VAR evidence on carbon dioxide emissions, energy consumption and economic performance in Portugal[J]. Energy Economics, 2010, 32:227-242.

[114] Ang B W. Decomposition analysis for policymaking in energy: which is the preferred method? [J]. Energy Policy, 2004, 32:1131-1139.

[115] Anna Kukla-Gryz. Economic growth, international trade and air pollution: A decomposition analysis[J]. Ecological Economics, 2009, 68:1329-1339.

[116] Bin Shui, Robert C Harriss. The role of CO_2 embodiment in US-China trade[J]. Energy Policy, 2006,34:4063-4068.

[117] Bohm P, Larsen B. Fairness in a tradable-permit treaty for carbon emissions reductions in Europe and the Former Soviet Union[J]. Environmental and Resource Economics, 1994(4):219-239.

[118] Chicco G, Stephenson P M. Effectiveness of setting cumulative carbon dioxide emissions reduction targets[J]. Energy, 2012, 42:19-31.

[119] Cho Won G, Nam Kiseok, Pagan Jose A. Economic growth and interfactor/interfuel substitution in Korea[J]. Energy Economics, 2004,26:31-50.

[120] Clara Inés Pardo Martínez. Energy efficiency developments in the manufacturing industries of Germany and Colombia, 1998-2005[J]. Energy for Sustainable Development, 2009,131:89-101.

[121] Coggins J S, Swinton J R. The price of pollution: A dual approach to valuing SO_2 allowances[J]. Journal of Environmental Economics and Management, 1996, 30(1):58-72.

[122] Cuesta R A, Lovell K C A, Zofio J L. Environmental efficiency measurement with translog distance functions: A parametric approach [J]. Ecological Economics, 2009, 68:2232-2242.

[123] Cuesta R A, Zofio J L. Hyperbolic efficiency and parametric distance functions: With application to Spanish savings banks[J]. Journal of Productivity Analysis, 2005(24):31-48.

[124] D Diakoulaki, M Mandaraka. Decomposition analysis for assessing the progress in decoupling industrial growth from CO_2 emissions in the EU manufacturing sector[J]. Energy Economics, 2007, 29:636-664.

[125] Dietzenbacher E, Pei J, Yang C. Trade, production fragmentation, and China's carbon dioxide emissions[J]. Journal of Environmental Economics and Management, 2012, 64(1):88-101.

[126] Ellerman D A, Decaux A. Analysis of Post-Kyoto CO_2 Emission Trading Using Marginal Abatement Curves[C]. Massachusetts Institute of Technology, Joint Program on the Science and Policy of Global Change, Report 40, 1998.

[127] Färe R, Grosskopf S, Pasurka J C A. Environmental production functions and environmental directional distance functions[J]. Energy, 2007, 32:1055-1066.

[128] Färe R, Grosskopf S, Lovell C A K. The measurement of efficiency of production [M]. Boston: Kluwer Academic Publishers, 1985.

[129] Färe R, Grosskopf S, Lovell C A K, Pasurka C. Multilateral productivity comparisons when some outputs are undesirable: a nonparametric approach[J]. Review of Economics and Statistics, 1989,75:90-98.

[130] Färe R, Grosskopf S. Directional distance functions and slacks-based measures of efficiency[J]. European Journal of Operational Research, 2010, 200 (1): 320-322.

[131] Färe R, Grosskopf S, Noh D-W, Weber W. Characteristics of a polluting technology: Theory and practice[J]. Journal of Econometrics, 2005, 126 (2): 469-492.

[132] Jiun-Jiun Ferng. Allocating the responsibility of CO_2 over emissions from the perspectives of benefit principle and ecological deficit[J]. Ecological Economics, 2003,46:121-141.

[133] Frank Ackerman, Masanobu Ishikawa, Mikio Suga. The carbon content of Japan-US trade [J]. Energy Policy, 2007,35:4455-4462.

[134] Frank Scrimgeoura, Les Oxleyb, Koli Fataia. Reducing carbon emissions? The relative effectiveness of different types of environmental tax: The case of New Zealand[J]. Environmental Modelling & Software, 2005, 20:1439-1448.

[135] G P Peters, E G Hertwich. Post-Kyoto greenhouse gas inventories: Production versus consumption[J]. Climate Change, 2008(1):51-66.

[136] G R Cranston, G P Hammond. North and south: Regional footprints on the transition pathway towards a low carbon, global economy[J]. Applied Energy, 2010, 87:2945-2951.

[137] Gallego B, Lenzen M. A consistent input-output formulation of shared producer and consumer responsibility [J]. Economic Systems Research, 2005 (9): 365-391.

[138] Gibbs D. Prospects for an environmental economic geography: Linking ecological modernization and regulation approaches[J]. Economic Geography, 2006, 82 (2):193-215.

[139] Gilbert E Metcalf. Cost containment in climate change policy: Alternative ap-

proaches to mitigation price volatility[N]. University of Virginia Tax Law Review, 2009.

[140] Glen P Peters, Edgar G Hertwich. CO_2 Embodied in International Trade with Implications for Global Climate Policy [J]. Environmental Science & Technology, 2008,5:1401-1407.

[141] Greening L A, Davis W B, Schipper L, Khrushch M. Comparison of six decomposition methods: Application to aggregate energy intensity for manufacturing in 10 OECD countries [J]. Energy Economics, 1997, 19:375-390.

[142] IEA. CO_2 Emissions from Fuel Combustion 2008 Edition[R]. International Energy Agency(IEA), 2009.

[143] Jiang Bing, Sun Zhenqing, Liu Meiqin. China's energy development strategy under the low-carbon economy[J]. Energy, 2010, 35:4257-4264.

[144] Joao Rodrigues, Tiago Domingos. Consumer and producer environmental responsibility: Comparing two approaches [J]. Ecological Economics, 2008, 66: 533-546.

[145] Kaneko S, Fujii H, Sawazu N, Fujikura R. Financial allocation strategy for the regional pollution abatement cost of reducing sulfur dioxide emissions in the thermal power sector in China[J]. Energy Policy, 2010,38:2131-2141.

[146] Kathryn Mc Camant, Charles Purrett. Cohousing: A contemporary approach to housing ourselves[M]. Berkeley, California: Ten Speed Press, 1989.

[147] Kofi Adom P, Bekoe W, Amuakwa-Mensah F, et al. Carbon dioxide emissions, economic growth, industrial structure, and technical efficiency: Empirical evidence from Ghana, Senegal, and Morocco on the causal dynamics[J]. Energy, 2012, 47:314-325.

[148] Koji Shimada, Yoshitaka Tanaka, Kei Gomi, Yuzuru Matsuoka. Developing a long-term local society design methodology towards a low-carbon economy: An application to Shiga Prefecture in Japan [J]. Energy Policy, 2007, 35: 4688-4703.

[149] Kurt Kratena, Ina Meyer. CO_2 emissions embodied in Austrian trade[R]. FIW Research Reports, 2009,10.

[150] Kwon O S, Yun W. Estimation of the marginal abatement costs of airborne pollutants in Korea's power generation sector [J]. Ecological Economics, 1997, 21: 547-560.

[151] Lee J D, Park J B, Kim T Y. Estimation of the shadow prices of pollutants with Productivity /Environment Inefficiency Taken into Account: a nonparametric directional distance function approach [J]. Journal of Environmental Management,

2002, 64(4):365-375.

[152] Lee M. The shadow price of substitutable sulfur in the US electric power plant: A distance function approach[J]. Journal of Environmental Management, 2005, 77(2):104-110.

[153] Lenzen M, Murray J, Sack F, Wiedmann T. Shared producer and consumer responsibility — theory and practice [J]. Ecological Economics, 2007,61:27-42.

[154] Li Y, Hewitt C N. The effect of trade between China and the UK on national and global carbon dioxide emissions[J]. Energy Policy, 2008,36:1907-1914.

[155] Liverman D M, Vilas S. Neoliberalism and the environment in Latin America[J]. Annual Review of Environment and Resources, 2006, 31(6):327-363.

[156] Machado G, Schaeffer R, Worrell E. Energy and carbon embodied in the international trade of Brazil: An input-output approach [J]. Ecological Economics, 2001, 39:409-424.

[157] Manfred Lenzen, Joy Murray. Conceptualizing environmental responsibility[J]. Ecological Economics, 2010, 70:261-270.

[158] Manfred Lenzen. Aggregation (in-) variance of shared responsibility: A case study of Australia[J]. Ecological Economics, 2007,64:19-24.

[159] Maradan D, Vassiliev A. Marginal costs of carbon dioxide abatement: Empirical evidence from cross-country analysis[J]. Swiss Journal of Economics and Statistics, 2005, 141(3):377-410.

[160] Marklund P O, Samakovlis E. What is driving the EU burden-sharing agreement: Efficiency or equity? [J]. Journal of Environmental Management, 2007, 85(2):317-329.

[161] Mauricio Tiomno Tolmasquim, Giobani Machado. Energy and carbon embodied in the international trade of Brazil[J]. Mitigation and Adaptation Strategies for Global Change, 2003, 8(2):139-155.

[162] McCarthy J, Prudham S. Neoliberal nature and the nature of neoliberals[J]. Geoforum, 2004, 35(3):275-283.

[163] Mongelli, Tassielli, Notarnicola. Global warning agreement, international trade and energy/carbon embodiments: An input—output approach to the Italian case [J]. Energy Policy, 2006, 34:88-100.

[164] Munksgaard J, Pedersen K A. CO_2 accounts for open economies: Producer or consumer responsibility? [J]. Energy Policy, 2001, 29:327-335.

[165] Neil Strachan & Ramachandran Kannan. Hybrid modelling of long-term carbon reduction scenarios for the UK[J]. Energy Economics, 2008, 30:2947-2963.

[166] Neumayer E. In defense of historical accountability for greenhouse gas emissions

[J]. Ecological Economics, 2000, 33:185-192.

[167] Nordhaus W D. The cost of slowing climate change: A survey[J]. Energy Journal, 1991, 12(1):37-65.

[168] Oosterhaven J, Stelder D. Net multipliers avoid exaggerating impacts: With a biregional illustration for the Dutch transportation sector[J]. Journal of Regional Science, 2002,42:533-543.

[169] Peters G. From production-based to consumption-based national emission inventories[J]. Ecological Economics, 2008, 65:13-23.

[170] Peters G P, Hertwich E G. Pollution embodied in trade: The Norwegian case [J]. Global Environmental Change, 2006,16:379-387.

[171] Peters G P, Hertwich E G. CO_2 Embodied in International Trade with Implications for global climate policy[J]. Environmental Science and Technology, 2008, 42:1401-1407.

[172] Peters G P, Hertwich E G. Post-Kyoto greenhouse gas inventories: Production versus consumption[J]. Climatic Change, 2008, 86(1):51-66.

[173] Rhee H C, Chung H S. Change in CO_2 emission and it's transmissions between Korea and Japan using international input output analysis[J]. Ecological Economics, 2006, 58:788-800.

[174] Roberto Schaeffer, AndréLeal de Sá. The embodiment of carbon associated with Brazilian imports and exports[J]. Energy Conversion and Management, 1996, 37:955-960.

[175] Rodrigues J, Domingos T, Giljum S, Schneider. Designing an indicator of environmental responsibility[J]. Ecological Economics, 2006,59:256-266.

[176] Rodrigues J, Domingos T. Consumer and producer environmental responsibility: Comparing two approaches[J]. Ecological Economics, 2008,66:533-546.

[177] Salvador Enrique Puliafito, Jose Luis Puliafito, Mariana Come Grand. Modeling population dynamics and economic growth as competing species: An application to CO_2 global emissions[J]. Ecological Economics, 2008,65:602-615.

[178] Sam Nader. Paths to a low-carbon economy—The Masdar example[J]. Energy Procedia, 2009:3951-3958.

[179] Sánchez-Chóliz, Duarte. CO_2 emissions embodied in international trade: Evidence for Spain [J]. Energy Policy, 2004,32:1999-2005.

[180] Schneider S H, Goulder L H. Achieving low-cost emissions targets[J]. Nature, 1997, 389(4):13-14.

[181] Shui B, Harriss R C. The role of CO_2 embodiment in US-China trade[J]. Energy Policy, 2006, 34:4063-4068.

[182] Silvia Tiezzi. The welfare effects and the distributive impact of carbon taxation on Italian households[J]. Energy Policy, 2005, 33:1597-1612.

[183] Sun J. Changes in energy consumption and energy intensity: A complete decomposition model[J], Energy Economics, 1998, 20:85-100.

[184] Tetsuo Tezuka, Keisuke Okushima, Takamitsu Sawa. Carbon tax for subsidizing photovoltaic power generation systems and its effect on carbon dioxide emissions [J]. Applied Energy, 2002, 72:677-688.

[185] Thomas Wiedmann, Manfred Lenzen, Karen Turner, John Barrett. Examining the global environmental impact of regional consumption activities-Part 2 Review of input-output models for the assessment of environmental impacts embodied in trade[J]. Ecological Economics, 2007, 61:15-26.

[186] Toshihiko Nakata, Alan Lamont. Analysis of the impacts of carbon taxes onenergy systems in Japan[J]. Energy Policy, 2001, 29:159-166.

[187] Ugur Soytas, Ramazan Sari, Bradley T. Ewing. Energy consumption, income, and carbon emissions in the United States[J]. Ecological Economics, 2007,62: 482-489.

[188] Vardanyan M. , Noh D-W. Approximating pollution abatement costs via alternative specifications of a multi output production technology: A case of the US electric utility industry [J]. Journal of Environmental Management, 2006, 80: 177-190.

[189] Wang C. Differential output growth across regions and carbon dioxide emissions: Evidence from US and China[J]. Energy, 2013, 53:230-236.

[190] Wang C, Chen J N, Zou J. Decomposition of energy-related CO_2 emission in China: 1957-2000[J]. Energy, 2005,30:73-83.

[191] Wissema, Dellink. AGE analysis of the impact of a carbon energy tax on the Irish economy[J]. Ecological Economics, 2007, 61:671-683.

[192] Wyckoff A W, J M Roop. The embodiment of carbon in imports of manufactured products: Implications for international agreements on green gas emission[J]. Energy Policy, 1994, 22:187-194.

[193] Xianbing Liu, Masanobu Ishikawa, Can Wang, Yanli Dong, Wenling Liu. Analyses of CO_2 emissions embodied in Japan-China trade[J]. Energy Policy, 2010, 38:1510-1518.

[194] Yan Y, L Yang. China's foreign trade and climate change: A case study of CO_2 emissions[J]. Energy Policy, 2010,38:350-356.

[195] Zaks D P M, Barford C C, Ramankutty N. Producer and consumer responsibility for greenhouse gas emissions from agricultural production—a perspective from

the Brazilian Amazon[J]. Environmental Research Letters, 2009 (4):1-12.

[196] Zsófia Vetőné Mózner. A consumption-based approach to carbon emission accounting—sectoral differences and environmental benefits[J]. Journal of Cleaner Production, 2013, 42(3):83-95.

后　记

　　时光荏苒，岁月静好。时值深秋，窗外枫叶正红，正是收获的季节，更是心存满满的感恩的季节……

　　感谢国家社会科学基金一般项目（批准号：11BJY066）的资助，此书是在结题报告"开放经济条件我国碳减排责任动态研究"的基础上完善而成的。这也是我第一次获得的国家社科基金项目，以此为起点，才有了如今的这本著作以及与低碳经济相关联的一系列成果。

　　感谢将我作为经济管理学院第一个"海归"从日本东北大学引进的徐康宁院长和时巨涛书记，他们不仅在工作上而且在生活上给予了我很多无私的帮助，解决了我的诸多后顾之忧和燃眉之急，使我很快适应了国内的生活。特别是徐康宁院长，一直是我学术道路的领路者，高屋建瓴，不吝指教，很早就向我指明了环境经济学这门学科在中国的应用前景，使我能够很快地深入到该学科的前沿领域。他严谨治学、一丝不苟的工作态度，是我终身学习的榜样。

　　感谢经济管理学院诸多同仁一直以来给予我的支持和帮助。平时的学术碰撞激发了我无穷的灵感。感谢我的博士研究生郭进、赵永平、王书斌以及硕士研究生周秀丽、吕璐、张赟、王进、魏莎、邹芳、周圆等对此书的贡献，正是有这些可爱的菁菁学子的相伴，教学相长，使我始终保持了高昂的学术热情。感谢东南大学出版社戴丽老师和施恩老师不厌其烦、耐心细致的工作，使此书得以顺利出版。

　　感谢我的家人对我的呵护、关心和支持，特别是我的先生李先宁，尽管自身的科研工作非常繁重，仍然帮我分担了大量的家务，使我心无旁骛地从事自己喜爱的研究。感谢我聪明可爱的开心果儿子李之洋带给我的欢声笑语。

　　特别要把此书献给远在天国的父亲徐胜荣，您的殷切期望和谆谆教导是我不断前行的动力。

　　只因有你们，一路无限精彩……

2015 年深秋于南京东南大学九龙湖校区